植 物 造 景 丛 书

水体植物景观

周厚高　主编

江苏凤凰科学技术出版社

图书在版编目（CIP）数据

水体植物景观 ／ 周厚高主编 ． -- 南京 ：江苏凤凰
科学技术出版社 ，2019.5
（植物造景丛书）
ISBN 978-7-5713-0109-5

Ⅰ．①水… Ⅱ．①周… Ⅲ．①水生植物 - 景观设计
Ⅳ．① TU986.2

中国版本图书馆 CIP 数据核字 (2019) 第 024905 号

植物造景丛书——水体植物景观

主　　　编	周厚高	
项 目 策 划	凤凰空间／段建姣	
责 任 编 辑	刘屹立　赵　研	
特 约 编 辑	段建姣	

出 版 发 行	江苏凤凰科学技术出版社
出版社地址	南京市湖南路1号A楼，邮编：210009
出版社网址	http：//www.pspress.cn
总 经 销	天津凤凰空间文化传媒有限公司
总经销网址	http：//www.ifengspace.cn
印　　　刷	北京博海升彩色印刷有限公司

开　　　本	710 mm×1000 mm　1／16
印　　　张	12
字　　　数	230000
版　　　次	2019年5月第1版
印　　　次	2024年1月第2次印刷

标 准 书 号	ISBN 978-7-5713-0109-5
定　　　价	88.00元

图书如有印装质量问题，可随时向销售部调换（电话：022-87893668）。

前言 | Preface | ● ● ●

中国植物资源丰富，园林植物种类繁多，早有"世界园林之母"的美称。中国园林植物文化历史悠久，历朝历代均有经典著作，如西晋稽含的《南方草木状》、唐朝王庆芳的《庭院草木疏》、宋朝陈景沂的《全芳备祖》、明朝王象晋的《群芳谱》、清朝汪灏的《广群芳谱》、民国黄氏的《花经》、近年陈俊愉等的《中国花经》等，这些著作系统而全面地记载了我国不同时期的园林植物概况。

改革开放后，我国园林植物种类不断增多，物种多样性越发丰富，有关园林植物的著作也很多，但大多数著作偏重于植物介绍，忽视了对植物造景功能的阐述。随着我国园林事业的快速发展，植物造景的技术和艺术得到了较大进步，学术界、产业界和教育界的学者及工程技术人员、园林设计师和相关专业师生对植物造景的知识需求十分迫切。因此，我们主编了这套"植物造景丛书"，旨在综合阐述园林植物种类知识和植物造景艺术，着重介绍中国现代主要园林植物景观特色及造景应用。

本丛书按照园林植物的特性和造景功能分为八个分册，内容包括水体植物景观、绿篱植物景观、花境植物景观、阴地植物景观、地被植物景观、行道植物景观、芳香植物景观、藤蔓植物景观。

本丛书图文并茂，采用大量精美的图片来展示植物的景观特征、造景功能和园林应用。植物造景的图片是近年在全国主要大中城市拍摄的实景照片，书中同时介绍了所收录植物品种的学名、形态特征、生物习性、繁殖要点、栽培养护要点，代表了我国植物造景艺术和技术的水平，具有十分重要的参考价值。

本丛书的编写得到了许多城市园林部门的大力支持，黄子锋、王凤兰参与了前期编写，王斌、王旺青、赵家荣提供了部分图片，在此表示最诚挚的谢意！

编者

2018 年于广州

目录 ··· Contents

第一章

水体植物概述

造景功能

水体植物的各大类不仅在生态习性、形态特征等方面有较大的差异，而且在水体造景的功能方面也是不同的。

水生花卉和水体植物的定义

水生花卉日益成为园林绿化、景观营造的重要植物材料。随着水生花卉应用规模的扩大，其内涵和范围也在不断扩展之中。关于水生花卉的概念，依据广义花卉的定义推论，可以将水生花卉定义为"具有一定的观赏价值，并经过一定技艺栽培、养护，适应水生环境的植物"，范围包括浮水、浮叶、沉水和挺水水生花卉。水生花卉除了食用、药用之外，其主要功能是观赏。随着水生花卉在营造水体景观方面越来越广泛的使用，水生花卉的上述定义和范围逐步扩大到水体植物的范畴。

水体植物是指用于绿化美化水体、营造水体景观、适应水湿环境，并经过一定技艺栽培、养护的植物。水体植物将水生花卉的范围从水体内部延伸到了水体岸边，从水环境延伸到了湿地环境。

水生花卉的定义和范围主要出发点是花卉学和植物学的观点，水体植物的定义和范围主要出发点是造园学的观点。

水生花卉的分类

依据生物学习性和生态习性分类

- 一年生水生花卉

一年内完成从播种、萌发、生长、开花、结实到枯死之生命周期的水生植物，包括水芹（*Oenanthe javanica*）、雨久花（*Eichhornia crassipes*）、泽泻（*Alisma plantagoaquatica*）、苦草（*Vallisneria natans*）和浮叶眼子菜（*Potamogeton natans*）等。

- 多年生水生花卉

植株寿命可达 2 年以上，冬季地上部分枯萎，地下部分在翌年春天萌发生长，此类花卉分为水生宿根花卉和水生球根花卉。水生宿根花卉包括灯心草（*Juncus effusus*）、鸢尾类（*Iris* spp.）、菖蒲（*Acorus calamus*）和伞草（*Cyperus alternifolius*）等，水生球根花卉包括球茎、块茎、鳞茎和根状茎类。

- 水生蕨类

适应水生环境的蕨类植物，如水蕨（*Ceratopteris thalictroides*）、水韭（*Isoetes sinensis*）等。

- 常湿、阴湿生态型水生花卉

常湿生态型指生长于空气湿度适中环境的阳性植物，如垂柳（*Salix babylonica*）、枫杨（*Pterocarya stenoptera*）等。阴湿生态型指适应适中空气湿度的阴生植物，如龟背竹（*Monstera deliciosa*）、春羽（*Philodendron sellosum*）等。

- 高湿、高温生态型水生植物

生长于高温、高湿环境的水生花卉，如王莲（*Victoria amazonica*）和热带睡莲。

- 水生食虫植物

具有特殊器官消化小动物的水生花卉，如茅膏菜（*Drosera indica*）等。

依据生活方式和形态特征分类

- 挺水型水生花卉

根或地下茎扎入泥中生长发育，上部植株挺出水面，如芦苇（*Phragmites communis*）、千屈菜（*Lythrum salicaria*）、荷花（*Nelumbo nucifera*）、菖蒲（*Acorus calamus*）和慈姑（*Sagittaria trifolia* var. *sinensis*）等。

- 浮叶型水生花卉

根或地下茎扎入泥中生长发育，无地上茎或地上茎，柔软不能直立，叶漂浮于水面，如睡莲（*Nymphaea tetragona*）、王莲（*Victoria amazonica*）、芡实（*Euryale ferox*）等。

- 漂浮型水生花卉

根不扎入泥土，植株漂浮于水面，位置不定，随风浪和水流四处漂浮，如满江红（*Azolla imbricata*）、大漂（*Pistia stratiotes*）和水葫芦（*Eichhornia crassipes*）等。

- 沉水型水生花卉

根或地下茎扎入泥中生长发育，上部植株沉入水中，如苦草（Vallisneria natans）、黑藻（Hydrilla verticillata）、海菜花（Ottelia alismoides）等。

按照栽培方式分类

- 切花水生花卉

以生产切花为目的的水生花卉，如鸢尾类（Iris spp.）、睡莲（Nymphaea tetragona）、荷花（Nelumbo nucifera）等。

- 盆花水生花卉

作为盆栽观赏的水生花卉，如荷花（Nelumbo nucifera）、伞草（Cyperus alternifolius）、海芋（Alocasia macrorrhiza）等。

- 造景水生花卉

作为园林绿化、水体造景的水生花卉，如香蒲（Typha orientalis）、菖蒲（Acorus calamus）、水葱（Scirpus validus）等。

水体植物的分类

主要依据水生花卉的造景功能、形态特征以及生态习性进行分类，分为挺水型植物、浮叶型植物、漂浮型植物、沉水型植物、岸边湿地植物和滨海湿地植物六大类。

- 挺水型植物

根或地下茎扎入泥中生长发育，上部植株挺出水面；一般植株高大，花色鲜艳，大多有茎和叶的分化；大型的如芦苇（Phragmites communis）、千屈菜（Lythrum salicaria）、荷花（Nelumbo nucifera）、菖蒲（Acorus calamus）和慈姑（Sagittaria trifolia var. sinensis）等，小型的如杉叶藻（Hippuris vulgaris）、西洋菜（Nasturtium officinale）和水芹（Oenanthe javanica）等。

- 浮叶型植物

根或地下茎扎入泥中生长发育，无地上茎或地上茎，柔软不能直立，叶漂浮于水面；一般根状茎发达，花大型，色彩丰富而鲜艳；大型的如睡莲（Nymphaea tetragona）、王莲（Victoria amazonica）、芡实（Euryale ferox）等，小型的有莼菜（Brasenia schreberi）、水鳖（Hydrocharis dubia）和荇菜（Nymphoides peltata）等。

- 漂浮型植物

根不扎入泥土，植株漂浮于水面，位置不定，随风浪和水流四处漂浮；植株中等大小，或小型；通常以观叶为主，如满江红（Azolla imbricata）、大漂（Pistia stratiotes），少数观花，如水葫芦（Eichhornia crassipes）等。

- 沉水型植物

根或地下茎扎入泥中生长发育，上部植株沉于水中；一般花小型，以观叶为主，如苦草（Vallisneria natans）、黑藻（Hydrilla verticillata）、海菜花（Ottelia alismoides）等。

- 岸边湿地植物

适宜在淡水水体岸边生长的植物，类型多样，草本、乔木和灌木均有。该类植物具有适应陆地和水体环境的双重习性。

- 滨海湿地植物

适宜在海岸生长的植物，以红树林植物为主，同时适应海岸潮湿环境的其他植物也属此类。

在自然界和造园实践中，上述分类的界线不是截然分明的，比如挺水植物和岸边湿地植物、漂浮植物与浮叶植物。部分湿地植物可以生长在浅水中，表现了挺水植物的功能，如许多蓼属植物常作为湿地植物应用，但可以生长在水体中做挺水植物。部分漂浮型的水生植物，如水葫芦（Eichhornia crassipes），可以在浅水区扎根于土壤成为浮叶植物或岸边湿地植物，同时形态上有所改变，其具漂浮功能的、海绵状膨大的叶柄退化。浮叶型的菱属植物有时可以漂浮在水面成为漂浮型植物。

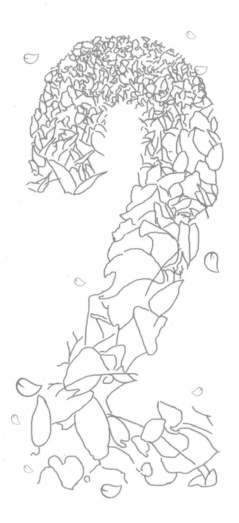

第二章 挺水型植物造景

 造景功能

该类植物植株高大，花色鲜艳，大多有茎和叶的分化，而且类型多样，是水体造景中最重要、应用最广泛的类群之一。该类型植物植株上部挺出水面，改变了水体的平面视觉，使水体景观有了立体的造景效果。挺水型植物适宜种植于水体的各种位置，只要能适合它们的生长。

千屈菜

别名：水柳
科属名：千屈菜科千屈菜属
学名：*Lythrum salicaria*

形态特征

多年生挺水或湿生草本，高可达 150cm。地下茎具木质根状，地上茎直立，多分枝，四棱形或六棱形，水面下的部分呈膨大海绵状。单叶对生或轮生，具短柄，狭披针形，长 5~14cm，基部楔形，草绿色，有时具紫淡晕。花两性；总状花序生于上部叶腋，长 10~15cm；小花多数密集，粉色、洋红色至紫色；花瓣 5~7 枚，长约 1.6cm，具皱；雄蕊 9~14 枚；子房上位。蒴果卵形，长 3~4mm，棕红色，包藏于萼内。花期 7~10 月，果期 8~11 月。品种有美丽千屈菜（cv. Firecandle）。

千屈菜单丛配置

适应地区

原产于欧洲、亚洲温带地区，我国主要分布在黄河流域，常自生于沼泽地、河边和水旁湿地。现全国各地均有栽培。

生物特性

喜强光，也耐半阴，最好保持全日照。如果环境荫蔽，植株不仅生长缓慢，而且开花也会受到严重影响。喜温暖，耐严寒，在 15~30℃环境中生长良好，在我国北方绝大多数地区可以露地越冬。

繁殖栽培

以分株法繁殖为主，多在每年 3~4 月进行。将千屈菜老株用利刀割成每丛带有 10 多个芽的新株即可定植。也可用扦插方法，于 5~6 月进行，将 5~6cm 的植株新梢剪下，直接插在栽培基质中，1~2 周后即可生根。在植株长到 15cm 时要摘心一次，以促发新枝，如有需要，还可进行二次摘心。不易患病，也很少受到有害动物的侵袭，但在干旱、高温的环境中会有螨类的危害。大型植株每年可以强剪一次，有助促进恢复长势。

景观特征

柳叶状叶片，紫红色花枝挺出水面，随风摇摆，形成一种悠然、朴素、自然的效果，因此被称为"水柳"。花朵虽然细小，但是数量多，聚成花序色彩醒目，远远望去，能够给人以万绿丛中一片紫的感觉。

园林应用

千屈菜枝条繁茂，花色艳丽，为河滩湖畔、池旁溪边常用的造景材料。园林中可单株成丛，株丛清雅秀美。成片种植是常用的造景手法，在单调的水面形成醒目的景观，效果很好。千屈菜是我国目前应用最为广泛的优秀水生花卉。

千屈菜开花的枝条 ▷

千屈菜沿湖岸边呈带状配置

溪流中的千屈菜营造出秋日景观

千屈菜片植的景观

荷花

别名：莲、莲花、芙蕖、芙蓉
科属名：莲科莲属
学名：*Nelumbo nucifera*

形态特征

多年生挺水植物。根状茎横走于淤泥中，粗壮而肥厚，节和节间明显，节处缢缩，节间膨大，内有纵向通气孔道。叶有挺水叶和浮叶两种；叶柄长 1~2m，柄上具刺；叶片圆形盾状，直径 20~100cm，全缘，波状，表面光滑，被蜡质；叶脉背面隆起。叶和花均从节处长出。花单生，花柄长 1~2m，挺出水面，直径 6~32cm，美丽芳香；萼片 4~5 枚，开花时脱落；花瓣多，大多 20 余枚，以粉红、白色和红色为主；雄蕊多数，花丝细长、美丽；花托果期膨大，海绵状，俗称莲蓬，种子镶嵌其中。荷花品种繁多，有 300 多种，花色丰富，分为大中花群、小花群（碗莲）两大类，大类下再分单瓣和重瓣品种，其下再分红莲、白莲和粉莲等。常见有洪湖红莲（cv. Honghu Rose）、西湖红莲（cv. Westlake Rose）、东湖白莲（cv. Donghu White）、千瓣莲（cv. Thousand Petal）、并蒂莲（cv. Twin Flower Lotus）等。

适应地区

原产于我国，现全球广泛栽培。

生物特性

荷花适应性强，喜全日照，不耐阴；喜热，不耐寒，叶具有冬枯现象，地下根状茎可在地下越冬；荷花生于浅水中，不耐旱，生长于湖泊、沼泽，多栽于大田、池塘和盆栽；要求土壤肥沃、有黏性。物候期，长江流域

小洒锦　　三色莲　　冬瓜莲

白万万　　红苔莲　　天娇

玉娇　　红榴　　新红

4月上旬萌芽，5月具挺水叶，6~9月为花期，花、果同期，9月藕熟，10月下旬叶枯，进入休眠；华南地区萌芽提前30~40天，休眠推迟20余天。

繁殖栽培

采用分藕繁殖和种子繁殖。在园林应用中，一般采用分藕繁殖。分藕繁殖时，如果种于池塘，用整枝主藕做种藕，如果种于碗钵，可用主藕、子藕和孙藕做种藕，分藕繁殖在清明节前后为好。栽培前期池塘保持浅水，有利于升温，促进发芽生长。生长期在肥沃土地种植，可不施肥，如叶片出现黄瘦现象时，注意施肥。杂草、藻类会危害荷花生长，应及时控制或清除。保持阳光充足十分重要，阳光不足则荷花只长叶少开花。

景观特征

单株单丛和群植观赏价值均高。单株姿态优美，圆形盾状的叶片青翠，叶面构造特别，水滴不黏，晶莹剔透，花大色艳。群体种植绿波浩瀚，气势非凡，清香远逸。

园林应用

荷花不枝不蔓，中通外直，出污泥而不染，迎骄阳而不惧，品德高尚，为文人墨客和普通百姓喜爱，广泛种植于池塘、沼泽、碗钵，可营造园林景观、美化庭院、装饰阳台，是深受人们喜爱的优秀花卉之一。

喜旦红

翠玉莲

* 园林造景功能相近的植物 *

中文名	学名	形态特征	园林应用	适应地区
美洲黄莲	*Nelumbo pentapetala*	叶柄较细，表面无刺。花瓣黄色	花色以黄色为特色，其他同于莲	原产于美洲，我国各地有栽培
杂交莲	*N. hybrida*	莲和美洲黄莲的杂交种。叶柄较细。花较小，花瓣黄色至乳白色	同美洲黄莲	同美洲黄莲

荷景

杭州西湖断桥的荷景

湖边荷花、香蒲和水松的配置效果

杨柳、荷塘、小亭共同营造出江南风光

标本展示的荷景

莲花山荷景

杭州西湖曲院风荷的经典景观

宽阔湖面荷花的造景效果

藨草

别名：野荸荠
科属名：莎草科藨草属
学名：*Scirpus triqueter*

形态特征

多年生挺水草本。具长的匍匐根状茎。秆散生，粗壮，高 20~100cm，三棱形。叶片扁平，长 1~5cm，宽 1.5~2mm。小坚果倒卵形，成熟时褐色，具光泽。花、果期 6~9 月。

适应地区

我国各地均可栽培应用。东亚和欧洲也可应用。

生物特性

喜温暖、湿润和半阴的环境。耐寒，喜水湿，怕干旱，耐阴。生长适温为 13~19℃，冬季温度不低于 7℃，其地下部可耐 -15℃低温。

繁殖栽培

种子繁殖，3~4 月于室内播种，保持室温 20~25℃，20 天左右生根发芽。无性繁殖，在春季将越冬苗地下茎切成若干块，每块 8~12 个茎芽进行栽种。露地栽培，选择水景区适合的位置，在地面挖穴栽植，株行距

藨草花序

30cm。应及时清除田中杂草，初期水浅，中期深水，后期浅水，以促使地下茎越冬芽的形成，提高翌年的繁殖系数。生长期内施 1~2 次追肥，冬季要清除枯叶。

景观特征

植株挺拔直立，色泽光雅洁净，主要用于水面绿化或岸边、池旁点缀，较为美观，也可盆栽沉入小水景中作观赏用。

园林应用

用于水体近岸边绿化，也可在浅水水体中部造景。孤植、成片种植均可。

✳ 园林造景功能相近的植物 ✳

中文名	学名	形态特征	园林应用	适应地区
水毛花	*Scirpus triangulatus*	外形接近草，但小穗 5~9 个聚成头状花序假侧生	同藨草	全国各地
短穗石龙刍	*Lepironia mucronata*	根状茎横走，秆高 50~150cm，近圆柱形。穗状花序椭圆形，单一	同藨草	适应性强，各地多有栽培
星星草（萤蔺）	*Scirpus juncoides*	茎秆丛生，柔软细长，圆柱形，先直立，后下垂	同灯心草	全国各地
花蔺	*Butomus umbellatus*	多年生挺水草本植物，通常成丛生长。叶片长条形、线形，鞘缘膜质。花葶圆柱形，与叶等长	同藨草	耐低温，在北方种植不需要进行越冬处理

蔍草▷

||||||||||||||||||||||||||||||||||||||||||||||||||||||||||||||||||||||||||||||||||||||||||||||||||||||||||||||||||||||||||||||||||||||||||||||||||||||||||||||||||||||||||||||||||||

蔍草景观

水毛花株形、花序

星星草花序

短穗石龙刍

水毛花景观

星星草株形

菖蒲

别名：水菖蒲
科属名：天南星科菖蒲属
学名：*Acorus calamus*

形态特征

多年生挺水草本。有香气，根状茎横走，粗壮，稍扁。叶基生，叶片剑状线形，长 50~120cm，叶基部成鞘状，对折抱茎，中肋脉明显，两侧均隆起，每侧有 3~5 条平行脉；叶基部有膜质叶鞘，后脱落。花茎基生出，扁三棱形，长 20~50cm；叶状佛焰苞长 20~40cm；肉穗花序直立或斜向上生长，圆柱形，黄绿色，长 4~9cm；花两性，密集生长，花被片 6 片，条形；雄蕊 6 枚，稍长于花被，花丝扁平，花药淡黄色；子房长圆柱形，顶端圆锥状，花柱短，胚珠多数。浆果红色，长圆形。花期 6~9 月，果期 8~10 月。品种有花叶菖蒲（cv. Variegata），叶片具金黄色边，观赏效果更佳。

适应地区

分布于我国南北各地。广泛分布于世界温带、亚热带。生于池塘、湖泊岸边浅水处和沼泽地。

生物特性

喜湿润的土壤环境，不耐旱。最适宜生长的温度为 20~25℃，10℃ 以下停止生长。冬季地下茎潜入泥中越冬，可耐 -15℃ 低温。喜日光充足的环境，可每天接受 4~6 小时的散射日光。

繁殖栽培

种子繁殖，将收集的成熟红色浆果清洗干净，在室内进行秋播，保持湿润，早春发芽，待苗健壮后移栽。无性繁殖，将地下茎挖出，切成若干块，保留 3~4 个新芽进行繁殖。池底施足基肥，生长点露出泥土面，同时灌水 1~3cm。在生长期内保持水位或潮湿，施追

菖蒲条带种植景观

肥 2~3 次，并结合施肥除草。初期以氮肥为主，抽穗开花前应以复合肥为主，每次施肥一定要放入泥土中。越冬前要清理地上部分的枯枝残叶。露地栽培 2~3 年要更新。

景观特征

叶丛青翠，株态挺拔，具有特殊香味。株丛潇洒，颇为耐看；叶片挺拔，碧绿柔韧，将其配植于池边塘畔，能够给环境增添几分水乡的气息。为我国传统常用水体景观植物之一。

园林应用

在园林造景中的应用形式十分多样，可单丛或数丛点缀水体的边缘或中部，也可条带状或成片种植于水体浅水区。盆栽用于广场、庭院布置，效果也好。

菖蒲花序 ▷

菖蒲与黄花鸢尾（叶色灰绿）的色彩对比

菖蒲株形（阴生环境）

石菖蒲装饰湿生的石壁效果好

菖蒲池塘丛植

中文名	学名	形态特征	园林应用	适应地区
石菖蒲	*Acorus tatarinowii*	植株高 40~50cm。叶片狭，0.7~1.3cm。叶状佛焰苞长度为肉穗花序的 2~5 倍	适用于水景边缘绿化，浅水景装饰，也可以做湿地地被	同菖蒲
花叶石菖蒲	*A. tatarinowii* cv. Variegata	叶缘有白色条纹	浅水景绿化，也可以做湿地地被	同菖蒲
金钱蒲	*A. gramineus*	植株小型，高 20~40cm。叶宽 0.3~1cm。叶状佛焰苞与肉穗花序近等长	浅水景绿化，水边石上。附石绿化，也可以做湿地地被	同菖蒲
花叶金钱蒲	*A. gramineus* cv. Variegata	叶缘有白色条纹	浅水景绿化，也可以做湿地地被	同菖蒲

石菖蒲株形

花叶菖蒲株形

花叶石菖蒲株形

菖蒲庭院小型水体绿化

石菖蒲溪岸造景

石菖蒲溪岸造景

慈姑

别名：华夏慈姑
科属名：泽泻科慈姑属
学名：*Sagittaria trifolia var. sinensis*

形态特征

多年生水生草本。植株高大，粗壮。根状茎横生，葡匐茎末端膨大呈球茎，球茎卵圆形或球形，可达（5~8）cm×（4~6）cm。挺水叶箭形，叶片宽大，肥厚，顶裂片先端钝圆，卵形至宽卵形。圆锥花序高大，长20~60cm，有时达80cm以上，分枝2轮，着生于下部，具1~2轮雌花，主轴雌花3~4轮，位于侧枝之上；雄花多轮，生于上部，组成大型圆锥花序，果期常斜卧水中；果期花托扁球形，直径4~5mm，高约3mm。种子褐色，具小凸起。常见品种有重瓣慈姑（cv. FlorePleno），花重瓣；长瓣慈姑（cv. Florelongiloba），叶的裂片较狭窄，往往成飞燕状。

慈姑株形

适应地区

我国长江以南各地广泛栽培。

生物特性

喜温暖、湿润和阳光充足的环境。耐寒，耐半阴，不耐干旱。生长适温为20~25℃，冬季能耐-10℃低温。生长前期需要长日照，后期需短日照或昼夜温差大，才能使地下茎膨大形成球茎。

繁殖栽培

种子繁殖，3~4月室内播种，铺平消毒处理的营养土后，将种子撒播，其上覆细沙，浸入水中，7~10天发芽。无性繁殖是用球茎或顶芽进行繁殖。选择饱满健壮、顶芽完整无病虫害的子球做繁殖材料。露地栽植时，选择池边低洼地，株行距30cm×40cm，可根据园林水景景观的要求，采取带形、块状或几何形栽植均可。随生长季节和观赏要求不断加深水位，及时清除杂草，追肥2~3次。越冬保存在0~5℃的泥温中即可。在生长季节，要及时进行病虫害的防治。

景观特征

慈姑是挺水植物中叶形变化较大、叶姿最美的一种，箭形叶片挺水而出，碧绿、奇特，有挺水叶和沉水叶之分。慈姑类既是优良的景观植物，也是常用的水生蔬菜。

园林应用

无论群体成片栽植，还是一二株孤植，在水景中能收到极佳的景观效果。适应性强，叶形奇特美观、生态丰富，适宜与其他水生植物搭配布置水面景观，能取得令人满意的效果。可以盆栽布置庭院水景小区，也作室内装饰用。

野慈姑花特写 ▷

慈姑的群植

慈姑春天新发的景观

中文名	学名	形态特征	园林应用	适应地区
野慈姑	*Sagittaria trifolia* var. *trifolia*	与慈姑相比，植株较矮，叶片较小、薄	同慈姑	全国各地均有分布
利川慈姑	*S. lichuanensis*	叶柄基部具鞘，鞘内具珠芽。珠芽褐色，倒卵形	同慈姑	华中及华东地区
小慈姑	*S. potamogetifolia*	沉水叶披针形，长 2~9cm，宽 2~4mm，叶柄细弱。挺水叶全长 3.5~11cm，较小	同慈姑	华中及华南地区，为我国特有种
腾冲慈姑	*S. tengtsungensis*	沉水叶条形或叶柄状，挺水叶条状披针形	同慈姑	云南产，分布于高海拔地区。我国特有种
剪刀草	*S. trifolia* f. *longiloba*	植株细弱，叶片小，裂片狭小，飞燕状	同慈姑	全国各地均适宜
大慈姑	*S. montevidensis*	植株高 40~70 cm，侧裂片等长于顶裂片。叶柄圆柱形，中空。花瓣白色，具红色斑点，很特别	同慈姑	长江流域

大慈姑株形

大慈姑群植景

剪刀草花、叶

剪刀草株形

大慈姑群植景观

大聚藻

别名：羽毛草、粉绿狐尾藻
科属名：小二仙草科狐尾藻属
学名：*Myriophyllum aquaticum*

形态特征

多年生挺水或沉水草本。植株长度50~80cm。茎上部直立，下部具有沉水性，细长有分枝。叶轮生，多为5叶轮生，叶片圆扇形，1回羽状，两侧有8~10枚淡绿色的丝状小羽片，长度为10~18mm。雌雄异株，穗状花序；花细小，直径约2mm，白色；子房下位，分果。花期7~8月。

适应地区

原产于南美洲，现我国南方地区有引种栽培。

生物特性

喜日光充足的环境，可使它每天接受3~5小时的直射日光。喜温暖，怕冻害，在26~30℃的温度范围内生长良好，越冬温度不宜低于5℃。其叶片对昼夜变化敏感，到傍晚叶片并拢，次日清晨重新展开。沉水叶为黄绿色或红茶色，环境不同颜色有所差异。

繁殖栽培

以扦插繁殖为主，多在每年4~8月进行。在操作时最好选择长度7~9cm的茎尖做插穗，这样所获得的新株生长迅速，很快就能成形。也可采用分株法进行育苗，在硬度适中的淡水中进行栽培，所用水的盐度不宜过高；水体的pH值最好控制在7.0~8.0之间，种植水体最好有一定的流动性。对肥料的需求量较多，生长旺盛阶段可每隔1~2周施肥一次，栽培土壤应肥沃，有机质丰富。为了使株形

岸边配置，与荷花配置

大聚藻叶片

紧凑，可在苗高 5~7cm 时摘心一次，以促发分枝。

景观特征

叶片青翠，富于质感，是观赏价值很高的水生花卉。将其成簇栽种，植株形成后环境中便多了一片悦目的绿色。

园林应用

发苗迅速，成形很快，景观以群体效果见长，水体边缘、水体中央种植均宜。在岸边湿地做地被，效果极佳，也适合室内水体绿化，是装饰玻璃容器的良好材料。在水族箱中栽培时，常作为中景、背景草使用。大聚藻还可种植于花盆，装点窗前、阳台等处。

大规模种植，与荷花配置

庭园小水景中应用十分广泛，与伞草配置

流动水体绿化

灯心草

别名：灯草
科属名：灯心草科灯心草属
学名：*Juncus effusus*

形态特征

多年生草本。根状茎横走，丛生，密生须根。茎簇生，高 40~100cm，直径 0.2mm 左右，内充满乳白色的髓。花序假侧生，聚伞状，多花；总苞片似茎的延伸，直立，长 5~20cm；花长 2~2.5mm，花被 6 片，条状披针形，外轮稍长，边缘膜质；雄蕊 3 枚或极少有 6 枚，长约为花被的 2/3，花药稍短于花丝。蒴果矩圆状，3 室，顶端钝，长约与花被等长或稍长。种子褐色，长约 0.4mm。园艺品种有弹簧草（cv. Spiralis），茎深绿色，呈螺旋状，似头发一团；黄纹弹簧草（cv. Spiral Stripe），似弹簧草，茎上具黄色条纹。在我国，灯心草属植物有 70 多种，外形相似，园林造景功能基本相同，其中以灯心草最为常见和常用。

适应地区

广泛分布于全世界，我国各省区均有分布。自生于池边、河岸、沟渠、稻田旁等湿地。

生物特性

喜温暖、湿润和阳光充足的环境。耐寒，怕干旱。生长适温为 15~25℃，冬季能耐 -15℃ 低温。

弹簧草植株

灯心草庭院小水体布置

繁殖栽培

种子繁殖和分株繁殖。种子繁殖时，种子有较好的自繁能力，春播，发芽适温为 6~12℃。分株繁殖多在 4~6 月份进行，将母株挖出，按每丛 8~10 个根叶分开栽植。每块保留 10~20 个芽，进行栽植，随园林绿化布置的需要，可采取块状、几何图形种植，栽培的株行距以 30cm 左右为宜。在植株的生长期内要及时除掉杂草、施肥。

景观特征

灯心草叶退化后，景观主要通过茎来表现。植株株丛紧密，茎纤细，但挺直有力，群植表现了细致的质感，也体现了力量和刚强，展现出不屈不挠的精神。

园林应用

叶细丛生，株形特殊，在庭园的池边与湖石相伴，给人沉静、古朴的感觉。主要用于水体与陆地接壤的绿化，也可用于盆栽观赏。

灯心草花序 ▷

灯心草水体岸边配置

灯心草溪流条带布置

灯心草岸边湿地布置

菰

别名：茭白、茭
科属名：禾本科菰属
学名：*Zizania caduciflora (Z. latifolia)*

形态特征

多年生挺水植物，高 1m。基部由于真菌寄生而变肥厚。须根粗壮，茎基部的节上有不定根。叶长 30~100cm，宽 3cm 左右，先端芒状渐尖，基部微收或渐窄，秃净，有时上面粗糙，中脉在背面凸起。圆锥花序大，长 30~60cm，多分枝，上升或展开，花序金黄色。颖果圆柱形。花、果期为秋、冬季。具有地方栽培品种。

适应地区

分布于我国南北各省区，俄罗斯、日本也有。生于河岸边、沟渠旁和低畦湿地。

生物特性

喜温暖、湿润和阳光充足的环境。耐寒，不耐干旱，耐半阴。生长适温为 15~25℃，温度10℃以下生长停止，冬季能耐 -15℃低温。以肥沃、保水性能好的黏性壤土为宜。

繁殖栽培

播种繁殖和无性繁殖。播种繁殖时，将准备好催芽的种子播在准备好的苗床，加水培养，

菰的株形

随幼苗的生长情况逐渐增加水位。无性繁殖常在 3~4 月进行，将老菰墩挖起，分为小墩，每小墩带着老茎及匍匐茎和健壮分蘖苗 4~6 株。水位随生长期而变化，萌芽期及分蘖期宜浅水，保持 4~6cm 为宜，便于升温。在生长期需逐渐加深水位，并及时清除杂草。生长期需追肥 2~3 次。少施氮肥，多施草木灰，

水体中的菰丛

与石景和园建配置的菰

菰的花序 ▷

郁郁葱葱的菰景

及时清除基部黄腐叶，也可用 1200~1500 倍液的多菌灵或甲基托布津喷雾 1~2 次，均可达到防治作用。

景观特征

植株挺拔、粗壮，叶鞘碧绿肥厚，是我国著名的水生植物。适应性强，繁殖栽培容易，在庭园水景的应用上越来越广泛。

园林应用

主要用于园林水体的浅水绿化布置，富有野趣，是营造田园风光的好材料。植株茎秆密集，形体大，高可达 2m，直径 2~3m，孤植或丛植景观效果好，成片种植的形式在园林大型水景营造中应用也越来越多。在小型水景中与卵石步道、叠石、木质平桥相搭配，极富有诗情画意。

春天菰的群落

春天菰的群落

埃及莎草

别名：畦泮莎草
科属名：莎草科莎草属
学名：*Cyperus haspan*

形态特征

一年生草本，热带地区可多年生，全株苍绿，丛生。秆可高 30~60cm。茎秆三棱形，实心，茎节不明显。叶条状披针形。花序顶生，在花葶顶端长出细丝般排成伞形的苞叶，放射状，分枝上小穗簇生。茎顶芽会长新幼株，可用于无性繁殖。

适应地区

原产于非洲，我国有栽培。生于湖泊、池塘湿地、河岸或排水沟渠。

生物特性

沼泽水生植物，喜欢温暖的气候环境，生长适温为 22~28℃，在华南地区冬季可以自然越冬，寒冷地区冬季要避冷越冬。具有一定耐阴性，也可适应全日照。

繁殖栽培

以根茎繁殖或分株繁殖为主，分割植株基部萌生的新芽丛是简便快速的繁殖方法。播种繁殖也是常用的方法。要求土壤肥沃，盆栽和地栽均可。水池地栽可以采用盆栽苗下地，保持水位在 20~30cm，经常修剪枯萎、老化植株。

景观特征

植株密集成丛，茎叶优雅，群体效果好。单株埃及莎草顶端放射状排列的苞叶犹如爆开的烟花，绿色或是褐黄色，十分奇特。

埃及莎草株形

埃及莎草花序 ▷

园林应用

主要用于庭园水景边缘种植，可以多株丛植、片植，单株成丛孤植景观效果也非常好。与纸莎草相近，但与纸莎草在景观效果上不同，本种较为清秀雅致。因单株造型特别，也常用于切枝。

埃及莎草片植景观

埃及莎草景观

埃及莎草丛植景观

埃及莎草与多种水体植物成条带状配置

黄花鸢尾

别名：黄菖蒲
科属名：鸢尾科鸢尾属
学名：*Iris pseudacorus*

形态特征

多年生挺水草本。根状茎短粗。叶基生，挺直，密集长剑形，长60~110cm，宽0.8~2cm。花葶直立，高50~100cm，坚挺，高出叶丛，有退化叶1~3片。花黄色或淡黄色，直径10~15cm。蒴果矩圆形。花期5~6月，果期6~8月。品种有胜利者（cv. Nelson），花淡黄色，颜色较浅。

适应地区

原产于欧洲南部、西亚和北非等地，现世界各地引种栽培。我国江南、华北、西南地区栽培较多，是水体重要绿化植物。

生物特性

喜温暖、湿润和阳光充足的环境。较耐寒，怕干旱，稍耐阴。生长适温为15~35℃，10℃以下低温生长停滞，华北、西南、江南地区可以露地越冬，春季再发叶。

黄花鸢尾植株

繁殖栽培

常用播种和分株繁殖。播种繁殖一般在3~4月盆播，发芽适温为18~21℃，播后15~20天发芽，苗高5~6cm时移栽。分株繁殖可在春、秋季或花后进行，将母株根茎挖起，用利刀切开，每段根茎须带芽头，栽植时尽量让芽露出地面。施足基肥，生长期土壤

黄花鸢尾景观

保持较高湿度，尤其是花期，根部需生长在水中，以水深 5~7cm 为宜。土壤 pH 值最好在 6.5 以下，否则植株生长缓慢，还可能会出现黄化现象。生长期施肥 3~4 次，并注意清除杂草和枯黄叶。夏季高温，应经常向叶面喷水，增加空气湿度，使苗壮叶绿。

景观特征

叶片翠绿，剑形，花色丰富多彩，喜生于湿润土壤及浅水中，是配置庭园水景和室内装饰的极佳材料。

园林应用

盆栽可用于庭院摆放或室内装饰，也可与其他的鸢尾属植物依地形变化、株高、花色及水位差别进行搭配布置。花色、花型丰富，既可观叶，又能观花，是园林水景造景中的佳品，观赏价值极高。水池边际配上 3~5 丛，自然多姿，更显生动活泼。成片种植的群体景观也好。花可做切花材料。

黄花鸢尾景观

黄花鸢尾景观

✳ 园林造景功能相近的植物 ✳

中文名	学名	形态特征	园林应用	适应地区
德国鸢尾	*Iris germanica*	花大型，紫色或淡紫色，栽培种有纯白、深紫、亮紫等色，有香味	同黄花鸢尾	同黄花鸢尾
华鸢尾	*I. grijisii*	花葶细长，较叶短，苞片窄椭圆状披针形，花淡紫色	同黄花鸢尾	华中地区
西伯利亚鸢尾	*I. sibirica*	根状茎短，丛生性强，花呈蓝紫色	同黄花鸢尾	原产于亚、欧洲北温带地区
溪荪	*I. sanguinea*	植株高可达 1m。花天蓝色，花瓣基部有金属斑	同黄花鸢尾	原产于亚洲西部、北非等地，我国长江以北地区常用

溪荪花

胜利者花

紫蝶景观

紫蝶景观

紫蝶花

西伯利亚鸢尾花

溪荪景观

西伯利亚鸢尾景观

溪荪景观

再力花

别名：水竹芋
科属名：竹芋科再力花属
学名：*Thalia dealbata*

形态特征

多年生挺水常绿草本，株高2~3m，株幅2m。具根状茎。叶片呈卵状披针形，被白粉，灰绿色，革质，长50cm；叶柄长30~60cm，全缘；叶鞘大部分闭合。花梗长，超过叶片15~40cm，花紫色，径1.5~2cm，成对排成松散的圆锥花序，苞片常凋落。花期7月。

适应地区

原产于美洲热带，我国华南地区有栽培。

生物特性

喜温暖、水湿、阳光充足的气候环境，不耐寒，耐半阴，怕干旱。生长适温为20~30℃，低于10℃停止生长。冬季温度不低于0℃，短时间能耐-5℃低温。入冬后地上部分逐渐枯死，根茎在泥中越冬。

繁殖栽培

常用播种繁殖和分株繁殖。播种繁殖时，以春播为主或种子成熟后即播，发芽适温16~21℃，播后保持湿润，约15天发芽。分株繁殖时，将生长过密的株丛挖出，将根部掰开，选择健壮株丛分别栽植。施足底肥，以花生麸、骨粉为好，生长期保持土壤湿润，叶面上需多喷水。每月施肥一次，夏季高温、强光时应适当遮阴，剪除过高的生长枝和破损叶片，对过密株丛适当疏剪，以利通风透光。一般每隔2~3年分株一次。

景观特征

植株高大，形似箬竹，叶片青翠，紫色的圆锥花序挺立半空，尤为动人。用它点缀庭园水景，像竹不是竹，似苇又不像苇，别具一格。

再力花景观

再力花单丛孤植，柔和、美化了单调的石景和木质的楼柱

园林应用

生长强健，株形特殊，在热带地区广泛用于湿地景观布置，群植于水池边缘或水湿低地，形成独特的水体景观。将它配置于个性化的庭园水体中，同样可以收到较好的装饰效果。长江以北地区主要以盆栽装饰为主。

再力花花序 ▷

❋ 园林造景功能相近的植物 ❋

中文名	学名	形态特征	园林应用	适应地区
垂花水竹芋	*Thalia geniculata*	叶卵圆形至披针形，灰绿色，长60cm，叶柄可长至1.8m	同再力花	同再力花
红鞘水竹芋	*T. geniculata* cv. Red Stemmed	叶鞘红色	同再力花	同再力花

垂花水竹芋

再力花冬季景观

再力花群植景观

香蒲

别名：东方香蒲
科属名：**香蒲科香蒲属**
学名：*Typha orientalis*

形态特征

多年生水生或沼生草本。根状茎乳白色；地上茎粗壮，向上渐细，高 1.3~2m。叶片条形，长 40~70cm，宽 0.4~0.9cm，滑无毛。雌雄花序紧密连接；雄花序轴具白色弯曲柔毛，自基部向上具 1~3 片叶状苞片，花后脱落；雌花序长 4.5~15.2cm，基部具 1 片叶状苞片，花后脱落。小坚果椭圆形至长椭圆形；果皮具长形褐色斑点。种子褐色，微弯。花、果期 5~8 月。

适应地区

广泛分布于全国各地。生于池塘、河滩、渠旁、潮湿多水处，常成丛、成片生长。对土壤要求不严，较耐寒。

生物特性

喜温暖、湿润和阳光充足的环境。耐寒，怕干旱和风，耐半阴。生长适温为 15~25℃，低于 10℃时茎叶停止生长。冬季能耐 -15℃ 低温。

香蒲大型水体条带种植

小型水体中的香蒲布置

园林造景功能相近的植物

中文名	学名	形态特征	园林应用	适应地区
宽叶香蒲	*Typha latifolia*	植株较粗壮，叶长 45~95cm，宽 0.5~1.5cm。具品种银线香蒲 cv. Variegata，叶面有白色纵纹	体形大，可用于大型水体，如水池、河流，也可绿化小型环境，如水槽	华北、华中地区
普香蒲	*T. przewalskii*	叶鞘抱茎松散。雌雄花序不相接而离生，基部是 1 片叶状苞片	同宽叶香蒲	黑龙江、吉林
无苞香蒲	*T. laxmannii*	叶片窄条形，长 50~90cm，宽 2~4mm	同宽叶香蒲	同宽叶香蒲
象蒲	*T. elephantina*	叶鞘松软，平行脉明显，内表皮具红棕色斑点，松散抱茎。雌花序红棕色	同宽叶香蒲	原产于云南
狭叶香蒲	*T. angustifolia*	雌花序较大	同宽叶香蒲	同宽叶香蒲
达香蒲	*T. davidiana*	叶片狭窄，下部主脉隆起，横切面半圆形。雌雄花序远离，雌花序短	同宽叶香蒲	华北、西北、华东地区及亚洲北部

大型水体中的香蒲景观

繁殖栽培

常用分株和播种繁殖。分株繁殖时，在春季
3月将根茎挖出，切块直接栽植，待塘泥稍
干使根固定后再加水。播种繁殖常在4月进
行，将泥浆推平，种子均匀撒入，保持泥浆
不干，播后25~30天发芽，出苗后逐渐灌
水，以浅水为宜。生长期土壤保持湿润，水
深5cm左右。施肥2~3次，并清除杂草。冬
季将干枯茎叶剪除，可安全越冬。

香蒲植株

达香蒲花序

景观特征

植株高大挺拔，叶形美观，叶绿穗奇，是我
国传统水景材料。香蒲以群体表现景观特色，
营造自然、野趣的田园风光。

园林应用

叶片挺拔，花序艳丽粗壮，常用于水景美化，
可丛植点缀庭园池畔，构筑的水景有幽静、
清凉意境。常条带或成片种植，营造自然式
景观，也宜做花境、水景背景材料。其烛状花
序常用于插花装饰室内，可增添浓厚的情趣。

达香蒲小型水体布置

泽苔草

科属名：泽泻科泽苔草属
学名：*Caldesia parnassifolias*

形态特征

多年生水生或沼生草本。根状茎直立，通常较小。叶基生，多数；沉水叶较小，卵形或椭圆形；浮水叶较大，卵圆形，先端钝圆，基部心形；叶柄长 15~50cm，中下部具横隔。花葶直立，高 30~60cm；花序分枝轮生，每轮 3 个分枝，下部 1~3 轮可再次分枝；花两性，花梗长 1.2~2cm；外轮花被片 3 片，绿色，卵圆形，内轮花被片白色，匙形或近倒卵形；雄蕊 6 枚。花、果期 7~9 月。

适应地区

分布于黑龙江、江苏、云南等地。

泽苔草景观

泽苔草景观

花皇冠花序 ▷

生物特性

喜光照充足，生长适温为 16~30℃，越冬温度不宜低于 4℃。喜浅水之处，不耐干旱。在适宜的环境中，植株自叶鞘内生出具繁殖芽的枝条，其芽包于 5~7 片鳞片内，成熟后自然脱落，即可发育新株。对光照的要求十分严格，对水质、土壤 pH 值要求一般为 5.5~6.5。

繁殖栽培

播种繁殖于 3~4 月，需在室内播种，种子播于盆内后沉入水中，水温保持 25℃左右，5~7 天即可发芽，成苗后移植。无性繁殖用地茎或枝芽进行繁殖，花枝上有不定芽时，便可剪下进行繁殖。露地栽培，可选择较浅的水位处，株行距 20cm×30cm，可根据带形、块状或几何图形栽植均可。初栽时水位 3~5cm，后随生长季节而不断加深水位。生长季节及时清除杂草，追肥 1~2 次。长江以北地区，冬季要进行越冬处理。

景观特征

株丛繁茂，叶形美观，用于露地装饰材料，特别是与其他水生花卉配植时，能够起到互为衬托的装饰作用。

园林应用

泽苔草为多年生植物，长势强，成形很快，主要用于园林水景绿化及盆栽供观赏，常用于水体边缘或浅水区成片种植，或丛植、条植。

泽苔草株形

泽苔草景观局部

泽苔草景观

中文名	学名	形态特征	园林应用	适应地区
宽叶泽苔草	Caldesia grandis	叶片扁圆形，长约 4.5cm，宽约 6.5cm，先端凹，中脉处急尖，凸起，基部平直。雄蕊 9~12 枚	同泽苔草	分布于广东、中国台湾等地
大花皇冠	Echinodorus grandifrons	叶圆形，叶基部心形有耳，叶质厚纸质	同泽苔草	长江中下游及以南地区
大叶皇冠	E. macrophyllus	叶椭圆形，基部截形或浅心形，薄纸质	同泽苔草	长江中下游及以南地区
花皇冠	E. berteroi	叶大，卵状披针形，主脉两侧各具 3 条叶脉，叶基近圆形	同泽苔草	长江中下游及以南地区
细叶皇冠	E. angustifolius	叶片狭长矩圆形，基部楔形，3 出脉；叶柄绿色	同泽苔草	长江中下游及以南地区
红九秆皇冠	E. major	叶片狭长矩圆形，3 出脉；叶柄柔软，浅红色。植株为浮叶型	小型水景绿化	长江中下游及以南地区

大叶皇冠果枝形成的新植株

大花皇冠景观

大叶皇冠单株种植

红九秆皇冠景观局部　　　　　细叶皇冠花、叶　　　　　大叶皇冠花特写

大叶皇冠的株丛　　　　　花皇冠植株　　　　　大花皇冠植株

大叶皇冠景观

竹节草

科属名： 鸭趾草科鸭趾草属
学名： *Commelina nudiflora*

形态特征

多年生挺水植物。茎平卧于水面，节上生根。叶片呈窄卵形或卵形，长 5~6cm，宽 0.3~0.5cm，先端渐尖或锐尖，平行脉；叶柄鞘状抱茎。花序为二歧聚伞花序，花序柄包藏于卵形的苞片中；花被呈不规则状；花瓣 3 枚，蓝色。

适应地区

我国南北地区均有分布。

生物特性

喜温暖、湿润的环境，不耐严寒，以蔓茎越冬。翌年 3 月左右，萌芽抽叶开花。常生活在湖泊、池沼、沟河的浅水处。

繁殖栽培

以蔓茎扦插繁殖为主，节上常具不定根，扦插容易。植株长势旺盛，管理要求较粗放。夏季旺盛期注意半月施肥一次，适当控制株丛密度。常见虫害菜蛾，注意防治。

景观特征

植株小型，群体效果以质地细密为特色。蓝色小花是少见的花色，提高了竹节草的观赏价值。

园林应用

常用来布置园林水景的边缘和岸边湿地，以成片种植展示群体效果，是良好的湿地地被和水面覆盖材料。

竹节草植株湿地

竹节草枝叶

❋ 园林造景功能相近的植物 ❋

中文名	学名	形态特征	园林应用	适应地区
竹叶草	*Commelina benghalensis*	叶无柄，狭长披针形。聚伞花序顶生或腋生，苞片披针形	同竹节草	南北各地
疣草	*Murdannia keisak*	叶无柄，狭长披针形。聚伞花序顶生或腋生，苞片披针形	同竹节草	全国各地
水竹叶	*M. triquetra*	体态极似疣草，但蒴果短粗，长5~7mm，宽3~4mm，种子不扁	管理简单，是良好的观叶、观花植物	西南、中南及华东地区

竹节草植株

疣草的开花植株

疣草景观

疣草群植

纸莎草

科属名：莎草科莎草属
学名：*Cyperus papyrus*

形态特征

多年生挺水草本。高大，高达2m，具匍匐根状茎，植株密集丛生。茎秆中下部呈三棱形，上部圆柱形。叶基生，膜质抱茎。花序顶生，由一至多个头状花序排列成单或复合的伞形花序；分枝上小穗簇生，呈叶状；茎顶部具有密集的伞状苞叶，纤细如丝，飘逸下垂，奇特雅观。

适应地区

原产于埃及、乌干达、苏丹及西西里岛。我国也有栽培。

生物特性

喜温暖的气候环境，生长适温为22~28℃，在华南地区冬季可以自然越冬，寒冷地区冬季要避冷越冬。要求全日照，半日照也可。

纸莎草花序景观

纸莎草水体边缘孤植

繁殖栽培

以根状茎分株繁殖为主，也可采收种子进行播种繁殖，播种全年均可，以春、秋季为佳。在微碱性且富含有机质的土壤中生长良好，要求土壤肥沃。盆栽和地栽均可。水池地栽可以采用盆栽苗下地。保持水位在20~30cm，经常修剪枯萎、老化植株。

景观特征

本种植株高大，造景效果良好，在我国南方应用非常广泛。植株丛生，苞叶针状密集，下垂而飘逸，非常有特色。

园林应用

主要用于庭园水景边缘种植，可以多株丛植、片植，单株成丛孤植景观效果也非常好。因其茎顶分枝成球状，造型特殊，也常用于切枝。本种为我国南方地区最常用的水体景观植物之一。

纸莎草花序 ▷

纸莎草丛植景观

水体中丛植的纸莎草

纸莎草景观

伞草

别名：风车草
科属名：莎草科莎草属
学名：*Cyperus alternifolius*

形态特征

多年生湿生草本植物，高 40~150cm。茎秆粗壮，直立生长，茎近圆形，丛生，上部较为粗糙，下部包于棕色的叶鞘中。叶状苞片较明显，约 20 片，等长，长度为花序的两倍以上，宽 2~12mm，叶状苞片呈螺旋状排列在茎秆的顶端，向四面辐射开展，扩散呈伞状。聚伞花序，有多数辐射枝，每个辐射枝端具有 4~10 个第二次分枝；小穗多数，密生于第二次分枝的顶端，小穗椭圆状披针形，压扁；花两性，无下位刚毛；鳞片 2 列排列，卵状披针形，顶端渐尖；花药顶端有刚毛附属物；花柱 3 枚。果实为小坚果，椭圆近三棱形。花期 7~9 月，果 9~11 月熟。品种有斑叶伞草（cv. Variegatus），茎秆和叶状苞片上具有白色条纹。

伞草株形

适应地区

原产于非洲。我国南北各省区均有栽培。

生物特性

喜温暖、阴湿及通风良好的环境，适应性强，对土壤、水质的要求不太严格，可于水池丛植，生长适温为 20~30℃，冬季温度不低于 5℃，不耐寒。

繁殖栽培

种子繁殖，于 3~4 月份将种子取出，撒播在已准备好的培养土上，保温、保湿 15 天左右。无性繁殖采用分株和扦插繁殖，选择健壮的茎段，对伞状叶加以修剪，插入湿沙，并保持湿润。露地栽培时，将切成块状茎的种芽直接在景区进行栽种，可呈条形、块状、几何形等，但必须根据园林水景绿化的要求进行。伞草喜阴湿，在生长期每 15 天追肥一次，同时清除杂草，剪去枯黄叶，保持株形美观。在高温炎热的夏季，适当遮阴；冬季要控制水分，适当见光。

景观特征

株丛繁密，叶型奇特，宽阔的放射状小裂叶在直立的叶柄顶衬托下，极像一把展开的伞骨，是较好的观叶、观花水生植物。

园林应用

在园林中很常用，可作为小水景点缀，可以配合假山奇石制作成小盆景，具有天然景趣。在园林造景中常孤植于水体边缘，也可丛植于水体一隅，沿水体边缘条带布置、片植景观效果很好。盆栽适合案头摆设。

伞草在室内水体的装饰效果不错

小型水体中的伞草

伞草在园林中的配置效果

水池中丛植的伞草

中文名	学名	形态特征	园林应用	适应地区
白线莎伞	*Cyperus albostriatus*	地下根状茎细长，木质化；茎具翼，硬而细	同伞草	热带、亚热带地区
茳芏	*C. malaccensis*	茎秆密集丛生，高大，秆锐三棱形。叶细条形，长4~7cm。聚伞花序；苞叶宿存，2~3枚	同伞草	热带、亚热带地区
白顶（星光草）	*Dichromena colorata*	花序顶生，苞叶基部白色，放射状如星光四射	水体边缘布置或水体绿化	热带、亚热带地区
白鹭莞	*Rhynchospora alba* cv. Star	近似白顶	近似白顶	近似白顶
密穗砖子苗	*Mariscus compactus*	一年生挺水植物。叶片长带形。穗状花序大，球形；苞片5~7片，长10~13cm	水体边缘布置或水体绿化	热带、亚热带地区

密穗砖子苗的株形

荻芏的株形

荻芏成片布置

荻芏水边条带布置

黄花蔺

科属名：花蔺科黄花蔺属
学名：*Limnocharis flava*

形态特征

叶丛生，挺水，叶片卵形，长 6~28cm，宽 4.5~20cm，叶亮绿色，先端圆形，基部钝圆或浅心形，顶端具一个排水器；叶柄三棱形，长 20~65cm。伞形花序，花 2~1 朵，上具复芽（可发育成新的植株）；苞片绿色，圆形至椭圆形；花梗长 2~7cm；内轮花瓣状花被片淡黄色，宽卵形至圆形；雄蕊多数，短于花瓣，假雄蕊黄绿色，花丝绿色，部分在果期宿存；雌蕊黄绿色。果实锥形，直径 1.5~2cm，由多数半圆形离生心皮组成。种子多数，褐色，马蹄形，具多条横生薄翅。

适应地区

分布于云南西双版纳和广东沿海岛屿上。缅甸南部及泰国、斯里兰卡和美洲热带地区分布较为普遍，生于沼泽地或浅水中。

生物特性

适应地年平均气温高、相对湿度大，降雨量集中，干湿明显。平均温度在 27℃对植株的生长较为理想，平均温度达 30℃时对植物的生长发育有一定影响。当气温高至 40~42℃时，叶片出现日灼，当日均温度为 10℃左右时植株终止生长。喜光，光照不足时会影响幼苗生长，夏季光照强、温度高，对植株生长不利。幼苗适当补光，成苗期采用遮光、降温等措施。

黄花蔺株形

黄花蔺单株点缀

黄花蔺盆栽景观效果

黄花蔺花序

繁殖栽培

采用种子繁殖。催芽播种在 3 月进行，加水高出培养土 3cm，根据幼苗生长情况及时加水、换水，待幼苗长出小浮叶时移栽定植。对土壤 pH 值的要求不严，在 pH 值 4.5~7.0 的条件下都能正常生长发育。肥力与生长发育有着密切关系，土壤肥沃，花多，色彩艳丽，花期长，整个植株生长旺盛，观赏期长；肥少，植株表现差。

黄花蔺成片种植的观赏效果

景观特征

植株中型，在体量上适合各类水景使用，是应用最广泛的种类之一。株形奇特、叶黄绿色、叶阔，花黄绿色、朵数多、开花时间长，整个夏季开花不断，黄色花朵灼灼耀眼，深受人们喜爱。

园林应用

单株种植或 3~5 株丛植，也可成片布置，效果均好。也可用盆、缸栽植，摆放到庭院供观赏。

黄花蔺多株配置于小型水体，简洁明快

梭鱼草

科属名：雨久花科梭鱼草属
学名：Pontederia cordata

形态特征

多年生挺水草本。根状茎为须状不定根，长15~30cm，具多数根毛。地下茎粗壮，黄褐色，有芽眼；地上茎叶丛生，株高80~150cm。叶柄绿色，圆筒状；叶片光滑，呈橄榄色，长卵形或箭头形，顶端渐尖且钝，基部心形，全缘。穗状花序顶生，长5~20cm；花瓣筒状，花紫蓝色。果实初期绿色，成熟后褐色；果皮坚硬。种子椭圆形。花、果期5~10月。品种有白心海寿花（cv. Alba），花呈白色略带粉红色；蓝花海寿花（cv. Caesius），花呈蓝色。

适应地区

美洲热带及温带地区均有分布，我国也有栽培。野外常生活在池塘、湖沼近岸的浅水处。

生物特性

喜温暖、水湿的环境，不耐严寒，不耐干旱。以根茎在泥中越冬。生长适温为18~35℃，

梭鱼草在小型水体中与大叶皇冠配置

18℃以下生长缓慢，10℃以下停止生长，冬季必须进行越冬（灌水或移至室内）处理。

繁殖栽培

种子繁殖时，于春季在室内播种，营养土上播种后，再覆一层沙，加水至满，温度保持在25℃。无性繁殖，于春季将地下茎挖出，切成块状，每块保留2~4个芽做繁殖材料。幼苗期为浅水或湿润栽培；生长旺盛期保持

梭鱼草大面积种植，颇有气势

梭鱼草景观

✳ 园林造景功能相近的植物 ✳

中文名	学名	形态特征	园林应用	适应地区
剑叶梭鱼草	*Pontederia lanceolata*	株高 50~90cm。叶长卵披针形。花蓝紫色	同梭鱼草	同梭鱼草
天蓝梭鱼草	*P. azurea*	株高 120cm。叶心形。花天蓝色	同梭鱼草	同梭鱼草

满水。池、塘最低水位不能少于 30cm，并结合除草追肥 2~3 次。8~10 月种子不断成熟，应及时采摘。及时清除枯黄茎叶，以保持株形美观。

景观特征

株丛繁茂、紧凑，挺拔向上，叶形美观；花期甚长，在夏日，从浅绿色的叶丛中抽出由蓝色小花组成的花穗，显得异常清新悦目。该种是目前我国应用较多的水生植物之一。

梭鱼草的株形

园林应用

梭鱼草为欧美新型的水生花卉，常单丛或多丛布置，是园林水景点缀的常用材料。配置于水池旁或流水的浅滩，显得自然生动。也可以盆栽观赏，色调十分柔和悦目。蓝色的花枝也是极佳的新颖切花材料，用它装点居室，能增添优雅的美感。

梭鱼草庭院水池丛植

梭鱼草庭院水池丛植

芦竹

别名：芦荻
科属名：禾本科芦荻属
学名：*Arundo donax*

形态特征

多年生挺水高大宿根草本，株高 3~4m，株幅 1.6m，少分枝，粗壮。根部粗，具多节的根状茎。叶片互生，宽线形，排成两列，长 60cm，宽 4~8cm，弯曲，扁平，灰绿色，光滑无毛，叶缘有锯齿。圆锥花序，较密，直立，长 30~60cm，多分枝；小穗多，呈扫帚状。花、果期 9~12 月。品种有花叶芦竹（cv. Versicolor），新叶具有 2~3 条淡黄至黄色纵条纹，十分美观，叶片成熟后条纹消失。花叶芦竹的造景效果优于芦竹。

芦竹片植

20~27℃，冬季温度不低于 0℃，可耐 -15℃低温。以肥沃、疏松和排水良好的微酸性砂质壤土为宜。

适应地区

原产于欧洲南部地区。

生物特性

喜温暖、湿润和阳光充足的环境。耐寒性差，耐水湿，不耐干旱和强光。生长适温为

繁殖栽培

常以分株和扦插繁殖。在南方，全年均可分株，以春季为宜，将生长密集的根状茎挖出，切成块状，每块带 3~4 个芽。于植株基部剪取后进行扦插繁殖，除去顶梢，留 70~80cm，插入苗床，水深保持 3~5cm，插后 20 天左

春天新发花叶芦竹十分醒目

右生根。生长期保持湿润，每月施肥一次。若缺肥缺水，植株长势差，株形矮小，叶片狭，观赏价值差。在炎热的夏季可向叶面喷水。控制根状茎的生长，勿使其任意蔓延，影响整体景观。

景观特征

外形雄伟壮观，遒劲有力，秋季密生白柔毛的花序随风摇曳，姿态别致，是目前重要的水边景观植物。

园林应用

株形优美，叶色明亮，花序别致，在南方常做河岸、湖边、池畔的景观背景，或在室内做水景布置材料。一般单丛孤植于水体边缘，也可多株丛植。在岸边湿地，群植成片形成高大的屏障，景观效果良好。该种在全国各地均广泛应用于水景营造。

芦竹点缀于小型水体中

小穗盛开的芦竹植于水景边

芦竹株形

孤植的花叶芦竹，在空旷的环境中景观效果极佳

花叶芦竹美丽的新叶

水葱

科属名：莎草科草属
学名：*Scirpus validus*

形态特征

多年生挺水植物。匍匐根状茎粗壮；秆高大，圆柱状，高1~2m，平滑，基部具有3~4枚叶鞘。叶片细线形，长1.5~12cm。苞片1片，为秆的延长，钻状，较花序短；长侧枝聚伞花序单生或复生，假侧生，具4~13个或更多辐射枝；小穗单生或2~3个簇生于辐射枝顶端，卵形或长圆形，长5~10mm，宽2~4mm，密生多数花。小坚果倒卵形。花、果期5~9月。品种有花叶水葱（cv. Zebrinus），沿根茎向上间隔镶嵌白色环纹。

适应地区

除华南地区外，遍布我国各省区。

生物特性

喜温暖、湿润和阳光充足的环境。耐寒，怕干旱，耐阴。生长适温为15~30℃，温度10℃以下，茎叶停止生长。冬季能耐-15℃低温。

繁殖栽培

种子繁殖在3~4月进行，将播好种的盆浸入水中，使盆与水平行，保持室温20~25℃，生根发芽后移植。将地下茎切成若干丛后进行无性繁殖，每丛带完整的芽6~8个，栽种即可。在生长季节，要及时清除杂草，并追肥1~2次，立冬前需要剪除地上枯茎、枯叶。在北方要进行越冬处理。

景观特征

水葱是比较奇特的水生植物，茎秆密集丛生，株丛挺拔直立，茎秆圆柱形，通直无叶，直指蓝天，色泽淡雅，形极美观。

园林应用

碧绿清雅的水葱广泛用于庭园水景和盆栽观赏，已成为水景设计中的重要材料之一。水体的各个部位均可使用，常单丛孤植，也可丛植和群植。盆栽多用于岸边、庭院、水池中摆放和花园花坛布置。秆色青翠，也是插花的好材料。

水葱小水体配置

水葱箱栽造景

水葱花序

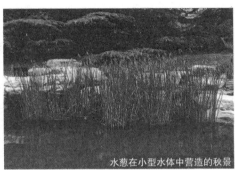
水葱在小型水体中营造的秋景

水葱大面积配置

水葱株形

水葱水边条带布置景观

花叶水葱点缀

水葱水边丛植

花叶水葱丛植，与黄花鸢尾配置

紫芋

科属名：天南星科芋属
学名：*Colocasia tonoimo*

形态特征

多年生湿地草本植物。块状茎粗大，常为卵形或长椭圆形，褐色，有纤毛，常有横走茎发生。叶基生，2~5片成簇，叶片卵形，盾状着生，长1~1.2m，全缘或带波状，顶端短尖或渐尖，基部耳形，2裂；叶柄紫色，长80~100cm，基部呈鞘状，叶脉紫色。花序柄通常单生，短于叶柄；佛焰苞长约30cm，管部红色，长约10cm，基部内卷，向上渐尖，淡黄色；肉穗花序椭圆形，下部为雌花，其上有一段不孕部分，上部为雄花，顶端具短的附属体。花期4~7月。

适应地区

原产于亚洲南部地区，我国各地均有栽培。

生物特性

喜高温、湿润和半阴的环境。不耐寒，怕干旱和强光暴晒。生长适温为28~30℃，20℃以上能正常生长。气温低于15℃，生长停滞，呈休眠状态，如气温下降至10℃以下，会发生冻害。

紫芋小型水体造景

繁殖栽培

大多采用无性繁殖。母芋上的小芋最少5~7个，多的达20个以上，收获后干藏，春季定植即可。露地栽培在清明节前后，气温上升，越冬的种芋顶芽开始萌芽，保持土壤湿润。播后10天即可出苗，随后浇1~2次稀肥。生长期及时除草，一般追肥2~3次。后期需培土，保持潮湿。

景观特征

株形、叶色美观，叶片卵形，翠绿，成簇生长于水中，株态十分清雅优美，单株和群体的景观效果都好。

芋和海芋湿地造景

紫芋群植景

紫芋佛焰苞

✳ 园林造景功能相近的植物 ✳

中文名	学名	形态特征	园林应用	适应地区
紫千年芋	*Xanthosoma violaceum*	植株高大，可达2m。叶柄及背面叶脉粉紫色或被白粉	适应水体绿化或岸边湿地。单株种植效果好	温暖地区
芋	*Colocasia esculenta*	株高40~60cm。叶柄白色或淡绿色，叶卵圆形	同紫千年芋	温暖地区
象耳芋	*C. gigantea*	高60cm或更高。叶面鲜绿色，背面具白霜，边缘呈波状	同紫芋	温暖地区
野芋	*C. antiquorum*	植物体近于芋，但叶面脉间具有紫色斑块	同紫芋	温暖地区
水芋	*Calla palustris*	叶心形，长、宽几乎相等，顶端渐尖，基部具鞘	同紫芋	原产于东北地区，适应冷凉地区

园林应用

主要用于园林水景的浅水处或岸边潮湿地中。高大植株单丛（株）造景效果不错，成片种植于浅水区或岸边湿地，构成田园风光和野趣景观。该种适应性强，繁殖栽培容易，在庭园和室内栽培中有很好的发展前途。

紫芋的株形

芋的叶形

紫芋的匍匐茎

紫芋的湿地景观

雨久花

别名：水白菜、蓝鸟
科属名：雨久花科雨久花属
学名：*Monochoria korsakowii*

形态特征

多年生挺水草本植物。全株光滑无毛。根状茎粗壮，茎直立，高 20~80cm，基部呈紫红色。基生叶，叶片广卵圆状，心形，3~8cm，宽 2.5~7cm，顶端急尖或渐尖，基部心形，全缘，具弧状脉；有长柄，有时膨胀成囊状，柄有鞘。总状花序顶生，超过叶片的长度；花梗长 5~10cm，花直径约 2cm；花被片 6 片，蓝色，长约 1cm，椭圆形，顶端圆钝；花药长圆形，其中 1 枚较大，浅蓝色，其他均为黄色。蒴果长卵圆形，长 10~12mm。花、果期 7~10 月。

适应地区

分布于我国中南、华南、华北及东北地区。朝鲜、日本、俄罗斯也有分布。生长于池塘、湖边及沼泽的环境中。

生物特性

喜温暖、湿润和阳光充足的环境。不耐寒，耐半阴。生长适温为 15~30℃，温度降至 10℃左右时，植株停止生长。开花结实后植株枯死。

繁殖栽培

雨久花的种子成熟后掉于潮湿的泥土中，翌年春天在适宜的环境条件下萌芽，自行繁殖。分株繁殖，在春季将根状茎挖出，切段后直接分栽，成活率高。露地栽培，在春季 4~5 月间进行，株行距 25cm×25cm，当年即可生长成片。也常作盆栽沉水栽培。生长期保持浅水栽培，及时清除杂草，花期追施钾肥，用可腐性纸袋装好后塞入泥中。一般生长期追肥 2~3 次。冬季要清除枯枝落叶，预防病虫害的发生。

鸭舌草水体中生长状态

雨久花花序 ▷

景观特征

雨久花植株高大挺拔，夏季开花，花大而美丽，淡蓝色，像只飞舞的蓝鸟，所以又称蓝鸟花。叶色翠绿、光亮、素雅。雨久花是目前园林水景中的重要材料，同时，它适合于庭园种植和盆栽观赏，非常有特色。

园林应用

在园林水景布置中常与其他水生花卉搭配使用，是一种极美丽的水生植物。单独成片种植效果也很好，沿着池边、水体的边缘按照园林水景的要求可作带形或方形栽种。

雨久花株形

雨久花景观

鸭舌草花序

鸭舌草成片种植效果

* 园林造景功能相近的植物 *

中文名	学名	形态特征	园林应用	适应地区
箭叶雨久花	*Monochoria hastata*	基生叶纸质，卵形或阔卵形，顶端渐尖。花梗长 1~3cm	同雨久花	广东、云南等热带地区分布
鸭舌草	*M. vaginalis*	叶形变化颇大，有条形至披针形、长圆形、卵形及宽卵形，长 2~8cm，宽 1~5cm	开花结实后植株枯死，需更换	南北各地

芦苇

别名：毛苇
科属名：禾本科芦苇属
学名：*Phragmites communis*

形态特征

多年生挺水草本，植株高大。秆高100~130cm，节下常有白粉，具有粗壮匍匐根茎。叶带状披针形，顶端渐尖，基部微收缩而紧接于叶鞘，无毛；鞘圆筒状，叶舌极短。大型圆锥花序，花序主轴上有分枝；小穗两侧压扁，有小花 3~7 朵。品种有花叶芦苇，叶片具金黄色条纹，枯萎时几乎呈白色。

适应地区

全国各地区均有分布，自生于海滩、池沼、河岸湿润地方。

生物特性

抗寒性强，能在 -10℃以下的泥中越冬。初春，气温在 5℃左右开始萌芽，在 10~30℃范围内生长，每升高 10℃时，泥中微生物对有机质的分解就增强 2~3 倍，有利于根的吸收，气温高、无霜期长，均有利植株的生长。土壤pH值7.0~8.0，对植株生长发育有利，具有抗盐碱的能力。

芦苇的株形

芦苇在大型水体中的造景

芦苇的景观

或剪下根茎（或秆茎）斜插在湿沙中，保持湿度让其发芽生根，待长出幼苗后再移栽湖塘浅水处。栽种后要保持土壤湿润，水深5~10cm。夏季生长旺盛期注意清除杂草，水位加深到15cm，并施肥1~2次。冬季茎秆干枯后可割除，翌年春季重新萌发新株。栽培2~3年后应分株更新。

景观特征

茎挺直而坚实，叶片狭长，花序羽毛状，花紫褐色，有光泽，在湿地中能塑造出独特的景观，是庭园水景中不可缺少的骨干植物种类。

繁殖栽培

以根茎和秆茎扦插繁殖。早春挖取带幼芽的根茎分段移栽，保持土壤湿润，极易成活，

园林应用

芦苇的根状茎具有蔓生性，在园林应用中片植于风景区湖塘一角或大面积种植，营造芦荡风光，环境清新自然，景观效果好。

芦苇在小型水体中的造景

水芹

别名：水芹菜
科属名：伞形科水芹属
学名：*Oenanthe javanica*

形态特征

多年生草本，高 15~80cm。下部茎匍匐，上部可直立，节上生须根，中空，圆柱形，具纵棱。基生叶三角形或三角状卵形，1~2 回羽状分裂；最终裂片卵形至菱状披针形，长 2~5cm，宽 1~2cm，边缘有不整齐尖齿或圆锯齿，柄长 7~15cm。小伞形花序 6~20 个，组成复伞形花序，顶生；总花梗长 2~16cm，无总苞；小苞片 2~8 片，线形；花白色。双悬果椭圆形或近圆锥形，长 3~5mm，宽约 2mm，果棱显著隆起。花、果期 4~9 月。品种有火烈鸟（cv. Flamingo），叶片上具有粉红、米色和白色斑纹。

适应地区

几乎遍布全国，生长在低湿地及水沟浅水中。朝鲜、日本、俄罗斯、印度、印度尼西亚也有分布。

生物特性

喜温暖、湿润和阳光充足的环境。较耐寒，不耐干旱，耐半阴。生长适温为 15~25℃，冬季能耐 -10℃低温。

繁殖栽培

常用播种、扦插和分株繁殖。播种繁殖于春季 3~4 月份进行，室内盆栽，发芽适温 20~25℃，播后 15 天左右发芽。扦插繁殖，春季剪取茎的顶部 10~12cm，插入沙床，保持浅水，10~12 天后生根。分株剪取 2~3 根茎即可做繁殖材料。生长期保持水深 5cm，及时清除杂草，施肥 2~3 次，可用腐熟饼肥，随时剪除枯黄枝叶，保持株丛清新美观。

狭叶水芹株形

少花水芹枝叶

景观特征

叶片青翠碧绿，夏季开出点点小花，显得清新优雅，观赏、食用均可。

园林应用

于园林水景湿地环境中布置，在园林中常作成片造景，水面覆盖效果好，也可配置在植株高大的水生植物的下层，增加景观的层次。

水芹装饰在小型水体中的景观，效果良好

水芹在岸边湿地点缀

水芹景观局部

水芹丛植于野生水边的景观

✳ 园林造景功能相近的植物 ✳

中文名	学名	形态特征	园林应用	适应地区
少花水芹	*Oenantha beughalensis*	叶片一至多回羽状复叶，小羽片菱状卵形，边缘具细锯齿	同水芹	全国各地均可栽培
狭叶水芹	*Sium suave*	1 回羽状复叶，小叶 5~9 对，小叶片线状披针形	同水芹	东北、华北、西北地区

粗梗水蕨

别名：水松草
科属名：水蕨科水蕨属
学名：*Ceratopteris pterioides*

形态特征

一年生挺水草本，高 30~60cm，绿色、多汁。根状茎短而直立，以须根生长固定在淤泥中。叶二型，无毛；不育叶幼时漂浮，肉质、柔软，阔三角形，长 20~25cm，深羽裂，裂片 5~7 片卵状三角形，叶柄粗壮，柄内海绵状，植株借此可漂浮；能育叶较大，长圆形或卵状三角形，长 20~40cm，宽 15~20cm，3 回羽状深裂，末回羽状裂条形，圆柱状，宽约 2mm，叶脉网状。

适应地区

云南、四川、广西、广东、湖北、浙江、安徽和江苏有应用。亚洲其他地区也有分布。生于池塘、水田或水沟里。

生物特性

喜温暖，怕寒冷，在 20~30℃的温度范围内生长良好，越冬温度不宜低于 10℃。当温度低于 10℃时，植株生长缓慢。喜光，喜中性、酸性土壤，喜水。

繁殖栽培

繁殖比较容易，漂浮水面的大棵植株会不断分生出小植株，繁殖速度快。也用孢子繁殖，选择生长健壮、成熟的孢子叶做繁殖材料，孢子向下，稍压紧，保温保湿，当幼苗长出 3~5 片新叶，就可进行移植。为漂浮性或挺水性植物，投放在自来水中也能很好生长。在夏秋季生长旺盛阶段，可以每周往栽培容器中施用适量液体肥料。环境不宜过于阴凉，

粗梗水蕨粗大，内部海绵状的叶柄十分奇特

粗梗水蕨粗壮的叶

❋ 园林造景功能相近的植物 ❋

中文名	学名	形态特征	园林应用	适应地区
水蕨	*Ceratopteris thalictroides*	营养叶 2~3 回羽裂，长圆形，叶柄为海绵状膨大，能育叶片卵状三角形。孢子叶的末回裂片收缩成角半状	同粗梗水蕨	长江流域以南地区
菜蕨	*Callipteris esculenta*	植物体中等大小，高 50~60cm。根状茎直立。叶丛生，叶片 2 回羽状。水边湿地生长	水边孤植，或条带或成片配置	热带、亚热带地区

否则长势会越来越弱。定植后要及时清除杂草，必要时可施追肥 1~2 次，以提高观赏效果。

体绿化，是装饰玻璃杯、玻璃瓶等容器的良好材料。可漂浮或沉水作中景使用。

景观特征

由于粗大的叶柄、细裂叶生、形态奇特，进行水体绿化能给人以奇妙之感。适合室内水

园林应用

株形美观，在园林水景的浅水中进行块状定植，观赏效果佳，也可岸边、塘边和池边列植或成片栽培，在小型水景孤植也可以。

水蕨与其他植物配置景观

粗梗水蕨群植

杉叶藻

科属名：杉叶藻科杉叶藻属
学名：*Hippuris vulgaris*

杉叶藻轮生的叶 ▷

形态特征

多年生挺水或沉水草本。具匍匐根状茎，生于泥中；茎直立，不分枝，全株无毛，茎的下部沉水，上部浮水或挺水，高 20~80cm，圆柱形，具关节。叶线形或圆形，6~12 片，轮生质软，全缘，不分裂，长 1~2.5cm，顶端钝头，基部无柄，生于水中的叶较长而质地脆弱。花小，单生于叶腋，通常两性，较少单性，无花梗；萼片与子房大部分合生；无花瓣；雄蕊 1 枚，生于子房上部，略偏一侧，花丝被疏毛或无毛；子房下位，椭圆形，花柱稍长开花丝，被疏毛，丝状，顶端常靠在花药背部两药室之间。核果椭圆形，平滑，顶端近截形，具宿存的雄蕊及花柱。

适应地区

分布于我国西南高山、华北北部和东北地区。亚洲其他地区也有分布，广泛分布于大洋洲。生于浅水中。

杉叶藻株形

杉叶藻盆栽效果

生物特性

喜日光充足，在疏阴环境下也能生长。喜温暖，怕低温，在 16~28℃的温度范围内生长较好，越冬温度不宜低于 10℃。

繁殖栽培

采收种子较难，故采用无性繁殖。分株繁殖时，将地下茎切取 3~5 个分蘖的茎栽植。扦插繁殖时，将茎剪成 8~10cm 的插条，插入苗床培养。在幼苗期生长较慢，因此，要及时清除杂草与杂物。肥料需求量较多，应适当追肥，促进植株的生长发育，形成美观株形，提高观赏价值。生长旺盛期可每隔 2~3 周追肥一次。

景观特征

株形美观，个体小，是水景园中良好的植物配置材料。单株如树，群体如林。

园林应用

外形奇特，无论池栽于露地，还是缸养于室内，均能成景。在园林中适宜成片种植，形成微型森林景观，小型水景的丛植造景效果如盆景。

马蹄莲

别名：慈姑花
科属名：天南星科马蹄莲属
学名：*Zantedeschia aethiopica*

马蹄莲花特写▷

形态特征

多年生湿生草本。块茎褐色，肉质肥厚，茎叶在块茎节上向上生长。叶基生，箭形或戟形，先端锐尖，具平行脉，叶鲜绿色，全缘，有光泽。花梗顶立着生黄色的肉穗花序，雄花着生于花序的上部；雌花着生于下部，肉穗花序外围的白色佛焰苞呈漏斗形，花有香气。果实浆果，子房1~3室，室内具4颗种子。花期随地区而异。常见品种有哥伦比布（cv. Colombe de la Paix），佛焰苞白色，肉穗花序淡黄色；高木（cv. Highwood），佛焰苞白色、肉穗花序黄色；绿女神（cv. Green Goddess），佛焰苞下部白色，上部绿色，中部蕊脉绿色。

马蹄莲庭院湿地布置

适应地区

自生于沼泽和河旁湿地。现世界各地均有栽培。

马蹄莲溪边点缀

生物特性

喜温暖、湿润，在冬不寒、夏不炎热的环境中生长开花。喜半阴环境。花后或高温期进入植株的休眠期。生长适温为15~25℃。冬季在北方要进行室内培养，温度保持在10℃左右。

繁殖栽培

从播种到开花2~3年，生长期长，所以以无性繁殖为主，即分株或分球繁殖。待花谢后，将老株基部四周的分生新株切割开，再进行栽植。在秋季还可将块茎四周的小子球掰下做繁殖材料。在整个生长期内水分要充足，保持土壤湿润。每20天左右追肥一次，如果肥水流入叶柄内，应及时用清水浇洗，以避免引起腐烂而使植株死亡。花开后，保持干燥，以防积水腐烂球茎。植株休眠时，可将球茎取出分级贮存到室内通风凉爽的地方。

景观特征

植株挺拔雅致，叶片翠绿光亮，形状奇特，佛焰苞洁白，似马蹄，可谓花、叶两艳，常于水景园湿地布置。清香的马蹄莲是素洁、纯真、朴实的象征。

园林应用

绿叶白花的马蹄莲布置于庭园水景中，显得非常典雅高洁，与众不同，不仅用于湿地水景布置，也是重要的切花材料。盆栽在庭院、公园的林荫下造景效果也好。适于温凉地区或热带地区冬、春季应用。

泽泻

科属名：泽泻科泽泻属
学名：*Alisma plantagoaquatica*

形态特征

多年生水生或沼生草本。块茎直径1~3.5cm。叶通常多数，沉水叶条形或披针形；挺水叶宽披针形、椭圆形至卵形，长2~11cm，宽1.3~7cm，先端渐尖，基部宽楔形、浅心形，叶脉通常5条，叶柄长15~30cm，基部渐宽，边缘膜质。花葶高80~100cm；圆锥花序长15~50cm，具3~8轮分枝，每轮分枝3~9朵小花；花两性，花梗长1~3.5cm；外轮花被片广卵形，通常具7条脉，边缘膜质，内轮花被片近圆形，远大于外轮，边缘具不规则粗齿，白色、粉红色或浅紫色；花柱直立，长于心皮。瘦果椭圆形。种子紫褐色，具凸起。花、果期5~10月。

适应地区

原产于华北地区。生于湖泊、河湾、溪流、水塘的浅水带，沼泽、沟渠及低洼湿地也有生长。

生物特性

喜温暖、湿润和阳光充足的环境，生长适温为18~30℃，低于10℃植株停止生长。泥中块茎可耐-15℃低温。初冬大部分叶片枯黄，长江流域可放室外越冬，北方将盆、缸搬入室内过冬。

繁殖栽培

多采取有性繁殖，对种子和苗床进行消毒处理，铺平培养土后，将催芽的种子均匀撒播在土面上，然后撒上一层细砂。播种适温为20~25℃，成苗后移植。生长期要及时清除杂草，并追肥1~2次。北方要进行越冬处理，一般最低泥土温度不低于5℃。在生长季节

泽泻列植

要进行病虫害防治，主要害虫为蚜虫，用40%乐果1000倍液喷杀可起杀虫效果。

景观特征

株形优美，挺拔小巧的花序具朦胧之感，浓绿光亮的卵形叶片挺出水际，其水中倒影清晰、自然。稠密的白色小花在炎热的夏季显得异常清新悦目。

园林应用

用于园林沼泽浅水区的水景布置，整体观赏效果甚佳。盛花期的花序长达1m，小花稠密，叶片丛生，浓绿光亮，在水景中既可观叶，又可观花。盆栽观赏，用于庭院摆放及室内装饰，其景观柔和清雅，自然和谐。泽泻目前在国内水景中的应用还比较少。

泽泻果期景观

✳ 园林造景功能相近的植物 ✳

中文名	学名	形态特征	园林应用	适应地区
东方泽泻	*Alisma orientale*	叶脉 5~7 条。花梗不等长	同泽泻	分布广泛
膜果泽泻	*A. lanceolatum*	瘦果扁平，倒卵形，果喙白腹侧上部生出，腹部具薄翅，两侧果皮薄膜质，透明，可见种子	同泽泻	原产于新疆
草泽泻	*A. gramineum*	叶片披针形，基出脉 3~5 条	同泽泻	华北地区
窄叶泽泻	*A. canaliculatum*	沉水叶条形，叶柄状；挺水叶披针形，稍呈镰状弯曲	同泽泻	华中地区
小泽泻	*A. nanum*	叶片宽披针形、椭圆形至卵形；叶柄细弱	同泽泻	原产于新疆

薏苡

别名：米仁、苡米
科属名：禾本科薏苡属
学名：*Coix lacryma-jobi*

形态特征

一年生或多年生草本。植株高大，茎秆粗壮。须根黄白色，粗达 3mm。秆直立丛生，高 1~2m，基部节上生有不定根，分枝多。叶片线状披针形，长 10~30cm，宽 1~4cm，顶端渐尖，基部近心形，中脉粗厚；叶鞘光滑。小穗单性，雌雄同序；雌小穗位于花序下部；总苞卵形至椭圆形，有白色、灰色或蓝紫色，质硬而有光泽；花柱细长；子房卵圆形。花、果期 7~10 月。种仁也称苡仁，圆珠形或长圆形，白色或黄白色，质地坚实，多为粉性，味甘淡或微甜。根据植株的高矮、总苞的色泽及幼苗、籽粒性状，划分为若干类型，有高秆白壳、高秆花壳和高秆黑壳，以及矮秆黑壳等。

适应地区

起源于亚洲东南部的热带、亚热带地区，主产于中国以南的广大地区。河北、陕西、河南、湖北、湖南、广西等地产量较多。

生物特性

喜温暖、潮湿，但能在易受旱涝的河谷、山谷、溪边、池塘、屋旁等地生长，是一种适应性较强的植物，海拔 300~1300m 的山地都可种植。

薏苡的群体局部

薏苡的果枝 ▷

 繁殖栽培

以播种繁殖为主,播种前,用温水(约60℃)
将种子浸种10分钟、置于冷水中浸泡2天,吸
足水分后促进萌发。条播行距为40~60cm,
待苗生长至3~4片叶时,按株距15cm定苗。
适应性极强,对土壤要求不高,各类土壤均
可种植。栽培以肥沃、潮湿及有灌溉的砂质
壤土为佳,播种量每公顷30~35kg。播种
期有春播和夏播。如遇冬闲地,雨季早,可
在清明前后春播。因生育期较长,适当早播
为好。

园林应用

单丛孤植、多丛丛植效果好,成片大面积种
植可以营造田园风光,可应用于我国园林水
景区做绿化布置材料。药用、食用、观赏均
宜,水生、湿地、旱地栽培均可。

薏苡在小型水体中布置

薏苡在湿地丛植的景观效果

薏苡在湿地配置的景观

刺芋

科属名：天南星科刺芋属
学名：*Lasia spinosa*

形态特征

多年生湿地或挺水草本，植株可高达 1m。茎粗壮，灰白色，圆柱形，粗 4cm，匍匐状横走，具皮刺，节间长 2~5cm，生圆柱形肉质根；须根纤维状，多分枝，节环状，些许膨大。叶柄长于叶片，长 20~50cm；叶片形状多变，幼株的叶片呈戟形，长 10~15cm，宽 9~10cm，至成年植株过渡为鸟足至羽状深裂，长、宽 20~60cm，表面绿色，背面淡绿色且脉上疏生皮刺，基部弯缺、宽短；侧裂片 2~3 片，线状长圆形，或长圆披针形，向基部渐狭，最下部的裂片再 3 裂。花序柄长 20~35cm，佛焰苞长 15~30cm；肉穗花序圆柱形，黄绿色。果序长 6~8cm；浆果倒卵圆状，顶部四角形，先端通常密生小疣状凸起。

适应地区

分布于中国台湾、广东、广西南部及云南西南部等地。泰国、马来西亚、印度等国南部地区也有分布。

刺芋株形

生物特性

为热带、亚热带地区湿地环境植物，喜湿热的环境，不耐低温，温度低于 8℃植株生长停滞。喜半阴环境，阳光直射时间长，叶色变浅而无光泽。

繁殖栽培

以无性繁殖为主，在春、夏季都可进行。选择当年生的粗壮嫩枝，保留 1~2 个节，长约 10cm 左右，插入泥沙中，在 25℃左右温度下，35 天左右即可生根。生长旺盛期，追肥 3~4 次，也可采取定期施肥。在炎热的高温期内，早晚要对叶面进行喷水，保持空气湿度 90% 左右，使叶色嫩绿青翠。立冬后

小型水体中的刺芋景观，适应半阴环境

刺芋叶特写 ▷

＊园林造景功能相近的植物＊

中文名	学名	形态特征	园林应用	适应地区
水刺芋	*Lasiomorpha senegalensis*	叶柄具刺，限于脊上；叶片箭形，基部裂片披针形并有狭凹，脉无刺	浅水生态环境	我国热带地区栽培应用
盾蕊芋	*Peltandra virginica*	叶片箭形全缘，裂片顶端钝头。花序与叶柄等长，佛焰苞下部卷起，上部展开，绿色或白色	浅水中或水体岸边湿地	我国有栽培

要将盆苗移入室内，以防冻害，影响翌年的观赏效果。

景观特征

属于半水生性肉质茎草本植物，肉质叶柄长而肥壮，并长有短刺。叶片为羽状复叶，虽不像芋叶般伸展如常，却挺拔秀丽。叶色浓绿，有稳重、深沉之感。

园林应用

常单株或多株植于溪边塘畔。叶色浓绿，与浅色水体植物配置，色彩效果更佳。

水刺芋叶特写

水刺芋植株的根和刺

西洋菜

别名：豆瓣菜
科属名：十字花科豆瓣菜属
学名：*Nasturtium officinale*

形态特征

多年生挺水草本。全株无毛，多分枝。茎高20~40cm，中空，浸水茎匍匐，节节生根，多分枝。奇数羽状复叶互生；小叶3~7片，深绿色，叶羽状深裂，卵形或宽卵形，长约6cm，具长柄。总状花序顶生；萼片长圆形；花瓣白色。长角果柱形，扁平，有短喙。种子多数，成两行，卵形，褐红色。花、果期3~8月。

适应地区

原产于欧洲，我国大部分省区有栽培。生长在小溪、水塘畔和流动的浅水中。

生物特性

喜凉爽，忌高温，在15~25℃的温度范围内生长良好。当气温超过30℃时，植株的生长就受到影响。

繁殖栽培

多采用无性繁殖，为分株和扦插繁殖。节部生根，成活快。插栽株行距6cm×9cm，一个月后，苗生长15~20cm，茎秆粗壮时，即可分株栽种。栽种后，保持一定水位或潮湿状态，以利发芽生根。在生长季节要及时清除杂草，并结合除草施追肥1~2次。

景观特征

植株发苗迅速，半月即达到最佳观赏期，观赏期成形后可达数月。本种适应性强，是一种易于管理的水生观赏植物。将其栽种于池畔湖边，很快就会自成群落，富于野趣，也是南方重要水生蔬菜，是观赏、食用双佳的良材。

西洋菜水边绿

西洋菜大面积布置可作为水面、湿地地

园林应用

适合露地栽培，为池畔、溪边的造景材料，也可盆栽观赏。主要用于园林水景边缘和浅水区绿化或覆盖。

睡菜

科属名：龙胆科睡菜属

学名：*Menyantehes trifolia*

睡菜果实特写 ▷

形态特征

整株挺水植物，全株光滑无毛。根状茎匍匐状。叶基生，三出复叶、椭圆形；总柄长23~30cm，全缘状微波形。总状花序顶生，基部生1片披针形苞叶；小花具柄，直径1~2cm；花冠5深裂，白色，有纤毛；雄蕊5枚，红色；子房上位。蒴果球形。花期5~7月，果期6~8月。

适应地区

分布于朝鲜、日本及我国华北地区等沼泽地。

生物特性

喜向阳温暖的潮湿或沼泽地环境，较耐寒，其根茎能顺利越冬。

繁殖栽培

以分株繁殖为主，多在每年3~5月进行，也可播种繁殖。对土壤适应性较强，如果有条件，地栽宜选用土层深厚、保水力强的黏质壤土。地栽时，种苗可在4~5月进行定植，宜选紧靠岸边、浅水之地。其对肥料的需求量较多，生长旺盛阶段每隔2~3周追肥一次即可。夏、秋季要及时清理栽培地点萌生的杂草。病虫害少，易管理。

景观特征

其叶片碧绿，花朵洁白，十分美观。如果成片栽种，每逢春季，株丛发达、绿叶紧凑、白花密缀，环境也因此而富有情趣。

园林应用

主要用于园林水景绿化，多用于河流、池塘边缘装饰。还可进行盆栽，装点庭院。

睡菜叶特写

睡菜丛植景观

睡菜景观

其他主要挺水型植物

中文名	别名	学名	科名	形态特征	生物特征	园林应用	适应地区
报春花		*Primula pulverulenta*	报春花科	多年生宿根草本，植株低矮。叶基生，有柄或无柄。伞形花序或头状花序，单生或成总状花序；花冠漏斗状或高脚碟状	喜温凉、湿润的环境和排水良好且富含腐殖质的土壤，不耐高温和强直射光，生长的适温为13~18℃	冬春季节重要的赏花植物，花期长，花色丰富，色泽艳丽	多产于我国西部和西南部，云南尤盛
宽叶谷精草		*E. robustius*	谷精草科	叶基生，线状披针形，长6~18cm。花葶多数，常有5棱	喜温暖、湿润和阳光充足的环境	湿地水景中有较好的视觉效果，尤其整体效果更为突出	东北及华北地区
珍珠草	流星草	*E. truncatum*	谷精草科	叶基生，线状披针形，长5~7cm。花序柄具棱，扭转	生于沼泽环境中	小水景绿化布置效果好	我国南方
曲轴黑三棱		*Sparganium fallax*	黑三棱科	叶带形，叶背中肋凸出，呈龙骨状。花序轴出自主轴的顶端，呈"S"形的弯曲状，每个节上有一叶状苞片	通常生于湖泊、河沟、沼泽、水塘边浅水处	主要用于水景绿化，也可盆栽装点庭院	华北地区
密序黑三棱		*S. glomeratum*	黑三棱科	花序顶生，其轴稍弯，顶端有2~3个雄花序，轴下部有数个密聚的雌花序	通常生于湖泊、河沟、沼泽、水塘边浅水处	主要用于水景绿化，也可盆栽装点庭院	华北地区
黑三棱		*S. stoloniferum*	黑三棱科	叶片40~90cm，宽7~12cm，具中脉，上部扁平，下部背面呈龙骨状凸起，或呈三棱形，基部鞘状	喜温湿环境，常生于湖泊、河沟及水塘浅水处	适宜与其他水生花卉植物配置，美丽大方	主要分布于东北及华北地区，华中地区也有少量栽种
白花驴蹄草		*Caltha natans*	毛茛科	节上生不定根。叶片浮于水面，肾形或心形。单歧聚伞花序生于顶端，花小，白色	喜温湿环境，常生于湖泊、河沟及水塘浅水处	浅水处水面的绿化材料	我国东北地区和内蒙古等地

中文名	别名	学名	科名	形态特征	生物特征	园林应用	适应地区
谷精草		*Eriocaulon buergerianum*	谷精草科	叶丛状，叶片带状披针形，有横脉成透明的小方格。花葶多数，头状花序顶生近球形	喜温暖、湿润和阳光充足的环境，较耐阴，不耐寒和干旱	谷精草叶片丛生，浓绿光亮，开花密集，在湿地水景中有较好的视觉效果，尤其整体效果更突出	分布于我国华东、华南、西南地区和陕北等地，常野生于池边、湿地或浅水处
驴蹄草		*C. palustris*	毛茛科	叶互生，肾形至近圆形或心形，叶缘有齿。花单生，位于聚伞状圆锥花序上，花黄色	喜温暖、水湿的环境，适应性强	配植园林水体边缘，观赏效果好	我国各省区海拔1200~2000m的沼泽地中
角状刺芹		*Eryngium corniculatum*	伞形科	叶片呈羽状或掌状浅裂，叶缘常具刺。头状花序单生	喜光，常生于湿地，适应性较强	水体边缘、岸边湿地配置	适于长江以南地区
中华水韭	华水韭	*Isoetes sinensis*	水韭科	高20~40cm。叶多数，聚生于块茎上，呈禾草状，多汁，线形，状如韭菜	生于沼泽环境中喜温暖、湿润和阳光充足的环境不耐寒，怕干旱	株形挺拔、优美，叶丛青翠悦目，广泛用于水景布置	长江流域中下游地区
田葱		*Philydrum lanuginosum*	田葱科	地上茎短，球茎状。叶呈剑形，2列，长30~60cm。穗状花序，花黄色	喜温暖、水湿、强光的环境，不耐严寒以根茎在泥中越冬	点缀园林水景水面	华南地区
北水苦荬		*Veronica anagalisaquatica*	玄参科	上部叶半抱茎，多为椭圆形或长卵形。总状花序腋生，比叶长，多花	喜温暖、湿润的环境	花、叶美丽，是良好的水景布置材料	广泛分布于长江以北及西南各地
水苦荬	水莴苣	*V. undulata*	玄参科	叶对生，长圆状披针形或卵圆形，无柄。总状花序腋生，长5~15cm；苞片线状长圆形	喜温暖、湿润的环境	叶翠绿，花穗长，是园林水景布置的好材料	除西北地区外，广泛分布于我国各地

第三章 浮叶型植物造景

 造景功能

该类植物无地上茎或地上茎，柔软不能直立，叶漂浮于水面，是水体界面绿化美化的重要植物类群。该类植物不像挺水植物那样有增加水体景观立体效果的功能，但是其色彩丰富的花朵、美丽的叶片在改变水面色彩、增加水面景观效果方面有非常重要的作用。

水罂粟

科属名：花蔺科水罂粟属
学名：*Hydrocleys nymphoides*

水罂粟花、叶特写▷

形态特征

多年生浮叶草本，高 5cm。茎圆柱形。叶簇生于茎上，具长柄，叶片呈卵形至近圆形，长 4~8cm，宽 3~6cm，顶端圆钝，基部心形，全缘；叶柄圆柱形，长度随水深而异，有横隔。伞形花序，小花具长柄，罂粟状，花黄色。蒴果披针形。种子细小，多数，马蹄形。花期 6~9 月。

适应地区

原产于中美洲、南美洲，应用于我国园林水景中。

生物特性

常生活于池沼、湖泊、塘溪中。喜温暖、湿润的气候环境，低温或高温对植株的正常生长均会产生影响。喜日光充足的环境，每天至少要让植株接受 3~4 小时的散射日光。不耐寒，在 25~28℃的温度范围内生长良好，越冬温度不宜低于 5℃。

繁殖栽培

因结籽较小，不常用种子繁殖。以根茎分株繁殖为主，可在每年 3~6 月进行。刚种植的新苗需通风透光及施足底肥，新苗长出一段时间后，即可移植水中。可使用清洁的湖水、自来水等做基质，保持光线充足。对肥料的需求较多，生长旺盛，2~3 周追肥一次即可。在良好的管理条件下，水罂粟不易患病。

景观特征

适应性强，随遇而安。其叶片青翠，花朵黄艳，单花寿命虽不很长，但是由于能够持续开放，因此给环境增添了无限活力。

园林应用

适合露地栽培，为池塘边缘浅水处的装饰材料，也可进行盆栽，做庭院水体绿化植物。

水罂粟小水体造景

水罂粟水体景观

田字苹

别名：苹
科属名：苹科苹属
学名：*Marsilea quadrifolia*

田字苹的叶形

形态特征

植株高 5~20cm。根状茎匍匐细长，横走，分枝，顶端有淡棕色毛，茎节远离，向上生出 1 片或数片叶。叶由 4 片倒三角形的小叶组成，呈"十"字形，外缘半圆形，两侧截形，叶脉扇形分叉，网状，网眼狭长，无毛；叶柄长 20~30cm，基部生有单一或分叉的短柄，顶部着生孢子果。果长圆状肾形，幼嫩时有密毛；孢子囊多数，大孢子囊和小孢子囊同生在一个孢子果肉壁的囊托上，大孢子囊内有一个大孢子，小孢子囊内有多数小孢子。

适应地区

分布于我国长江以南各地。世界热带至温暖地区也有分布。

生物特性

喜生于水田、池塘或沼泽地中。幼年期沉水，成熟时浮水、挺水或陆生，在孢子果发育阶段需要挺水。传播体为孢子果，可在泥中靠水扩散。

繁殖栽培

孢子繁殖，用健壮的孢子叶做繁殖材料，将孢子叶平铺在土壤表面，孢子向下，约 2 个月内孢子发芽。无性繁殖是将地下匍匐茎切成段扦插，保水保温。根据水体景观的整体要求进行栽植，丛栽或块栽均可，但在植株生长期内，适时除去杂草并加施 1~2 次追肥，以达到最佳的观赏效果。

景观特征

发苗快，抗逆性强，适合绿化小型水体，不用多久它那耐看的秀美叶片便会不断抽生，从而给环境注入清新的气息。

园林应用

生长快，整体形态美观，可在水景的浅水、沼泽地中成片种植。

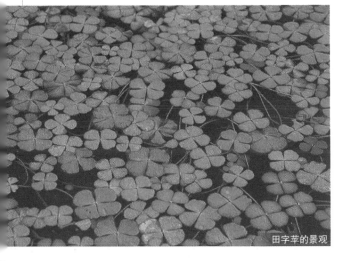
田字苹的景观

田字苹的景观

睡莲

别名：午子莲
科属名：睡莲科睡莲属
学名：*Nymphaea tetragona*

形态特征

多年生水生草本。根状茎粗短，有黑色细毛。叶浮于水面，圆心形或肾圆形，长 5~12cm，宽 3.5~9cm，先端钝圆，基部具深弯缺，上面光亮，下面带紫色或红色，两面皆无毛。花单生于细长花梗顶端，直径 3~5cm，浮于水面；花瓣多数，白色，长圆形或倒心形；雄蕊多数，花药线形，黄色。浆果球形，直径 2~2.5cm，为宿存萼片所包裹。种子多数，椭圆形，有肉质，具囊状假种皮。花、果期 6~10 月。品种繁多，常见的有奥莫斯特（cv. Almost Black），叶圆形，幼叶暗红色，成叶绿色，花大，深红色；诱惑（cv. Atraction），叶广椭圆形，青铜色；科奎诺（cv. Conqueror），叶近圆形，基部缺裂呈"V"字形；埃莉丝（cv. Ellisiana），叶广椭圆形，中绿色，具有展开的弯缺。

适应地区

分布于我国云南至东北地区和新疆。生长于池沼、湖泊、池塘中，为美丽的观赏植物。

生物特性

喜温暖、湿润、阳光充足的环境。在肥沃的中性、酸性土壤与水质中生长良好。适宜水位为 30~80cm，温度为 15~32℃，低于 10℃ 时停止生长。部分耐寒品种的根茎冬天在泥中可耐 -1~10℃ 的低温。

繁殖栽培

有性繁殖，种子发芽适温为 25~28℃，喜光。种子发芽后分开培养于花盆，随茎叶生长发育，增施液肥和增加水位，3~4 片浮叶时移栽。无性繁殖，将根状茎切成 3~5cm，带芽

的块茎定植。若藻类过多，可用硫酸铜喷杀，同时清除黄叶、病叶，追肥 2~3 次，花期施磷酸二氢钾。生长初期气温、水温低，浅水有利于生长；生长旺盛期，植株体型大，生长快，需要深水；生长后期，浅水有利于地下茎营养贮存及分蘖；冬季越冬需要深水，有利植株越冬。

景观特征

睡莲的花绚丽多彩、多姿，叶色翠绿、斑斓，以舒展的体态，在夏秋季节给人们带来安谧与清新。

园林应用

睡莲是一种叶、花俱美的浮叶性水生花卉，常用于池栽、盆栽或做迷你型水景小品。在水景中，多选用各种睡莲栽种，形成五彩缤纷的图案。其也可与其他水生植物配置，形成生机勃勃的自然景观，使水景园区成为十分幽静雅致的观赏胜景。睡莲做切花也十分盛行，尤其是蓝睡莲。

睡莲景观

霞光

柔毛齿叶红睡莲

延药睡莲

诱惑

马利克罗

柔毛齿叶白睡莲

香睡莲

白仙子

罗斯塔

✳ 园林造景功能相近的植物 ✳

中文名	学名	形态特征	园林应用	适应地区
白睡莲	*Nymphaea alba*	叶圆形，深绿色，背面通常红绿色，径 30cm，基部弯缺。花白色	耐寒	全国各地
香睡莲	*N. odorata*	叶卵圆形至圆形，叶面光滑，中绿色，径 15~30cm，具缺裂。花具芳香，白色	耐寒	全国各地
块茎睡莲	*N. tuberosa*	叶圆形，亮绿色，径 10~40cm，基部具缺裂。花白色	耐寒	全国各地
埃及蓝睡莲	*N. caerulea*	叶卵圆形，背面有紫色斑，基部裂片凸起。花浅蓝色	热带地区	热带、亚热带地区
南非睡莲	*N. capensis*	叶圆形，锯齿状，边缘波状，中绿色。花内淡蓝色，外部淡绿色	热带地区	热带、亚热带地区

点缀几丛睡莲，改善了呆板的建筑和水池

盛开的热带睡莲景观

热带睡莲景观，疏密有度，开闭适宜，景观效果颇佳

萍蓬草

别名：黄金莲、金莲
科属名：睡莲科萍蓬草属
学名：*Nuphar pumilum*

萍蓬草的叶形和花 ▷

形态特征

多年生水生草本。根状茎横走或直立，直径2~4cm。叶纸质，宽卵形或卵形，少数椭圆形，长6~18cm，宽6~12cm，心形，上面光亮无毛，下面密被柔毛；叶柄长20~80cm，有柔毛。花直径3~6cm；花梗长40~90cm，有柔毛；萼片绿黄色，外面中央绿色，短圆形或椭圆形，长1~3cm；花瓣窄楔形，先端微凹；柱头盘常10浅裂，淡黄色或带红色。浆果卵形，长约3cm。花期5~9月，果期7~10月。

萍蓬草景观局部

适应地区

分布于黑龙江、吉林、河北、江苏、浙江、江西、福建、广东。

生物特性

温度对萍蓬草的生长发育有极为重要的影响，平均温度18℃时对苗期培养最为适合。对光照和土壤pH值要求不严。

萍蓬草景观

繁殖栽培

有性繁殖，种子撒播在营养土上，加水高出土面3~5cm，根据生长情况及时加水、换水，直至幼苗长出小钱叶时方可移栽。无性繁殖多在3~4月份进行，将带主芽的块茎切成6~8cm做繁殖材料。日常管理要不断清除水绵与杂草，防治水绵可用硫酸铜喷洒于水中，幼苗期喷洒浓度为3~5mg/L，成苗期为30~50mg/L。蚜虫可用1000~1200倍敌百虫防治，螺蛳类可用茶饼、生石灰进行防治。

景观特征

适应性强，观花、观叶期长，养护比较简单，叶片碧绿光亮，花朵黄色，挺出水面，使整个水面显得清新雅丽。

园林应用

萍蓬草根状茎可食用，叶、花非常具观赏效果，在国内外庭园水景中广泛应用，特别在小环境布置，效果更好。常成片种植于水体边缘或中央，水面覆盖良好，密集时中部的叶堆积突出，似挺水状，有立体感。

中文名	学名	形态特征	园林应用	适应地区
贵州萍蓬草	*Nuphar bornetii*	叶革质，圆形或心状卵形，叶背微有柔毛，裂片分开或重合	同萍蓬草	全国各地
欧亚萍蓬草	*N. luteum*	叶近革质，椭圆形，有明显的分叉脉；叶柄三棱形	同萍蓬草	全国各地
台湾萍蓬草	*N. shimadai*	叶纸质，矩圆形或卵形，基部箭状心形，叶背中部有少数长硬毛，越向边缘毛越密	同萍蓬草	全国各地
中华萍蓬草	*N. sinensis*	叶纸质，心状卵形，长 8~15cm，基部裂片占 1/3；叶柄基部具膜质翅	同萍蓬草	全国各地

欧亚萍蓬草的花

贵州萍蓬草的花

中华萍蓬草的

萍蓬草景观

贵州萍蓬草景观局部

中华萍蓬草景

欧亚萍蓬草景观

欧亚萍蓬草景观

中华萍蓬草景观

中华萍蓬草的株形、叶形和花

萍蓬草景观，与深色的睡莲形成色彩对比

芡实

别名：鸡头米、鸡头莲
科属名：睡莲科芡属
学名：*Euryale ferox*

芡实的

形态特征

一年生大型浮水草本。根状茎粗壮；茎不明显或束生。叶二型，初生叶为沉水叶，箭形或椭圆肾形，长4~10cm，两面具刺；后生浮水叶革质，椭圆肾形至圆形，直径10~15cm，盾状，全缘，上面绿色，背面紫色，有短柔毛，两面在叶脉分枝处集有密锐刺；叶柄及花梗粗壮，长可达100cm以上，皆有硬刺；萼片4枚，宿存，生在花托边缘，披针形，长1~2cm，内面紫红色，外面密生稍弯硬刺。花瓣矩圆披针形，紫红色，成数轮排列，向内渐变成雄蕊；花丝条形，花药矩圆形；无花柱，柱头红色，成凹入柱头盘。浆果球形，直径3~6cm，海绵质，紫红色，外密生硬刺。种子圆形，黑色。花期5~9月，果期7~10月。芡实的品种分为南芡和北芡，北芡称刺芡，花紫红色，主产于江苏洪泽湖一带，适应性强；南芡称苏芡，有白色花和紫色花两个品种，比北芡叶大。

适应地区

分布于我国南北各地。生于池塘、湖泊中。

生物特性

喜温暖水湿和阳光充足的环境。不耐寒，怕干旱，水深以80~120cm为宜。生长适温为20~30℃，低于10℃则生长停止，冬季能耐5℃低温。喜富含有机质的轻质黏土。

繁殖栽培

种子繁殖，先将种子在20~25℃温水中催芽，发芽后撒播在已准备好的育苗床，待苗长2~3片叶时即可移栽。株行距100cm左右，随苗的生长情况逐渐加深水位。在生长季节，应及时清除异物、杂草，同时剪除黄腐叶，以保持水体清洁。开花结果期追肥2~3次。病害有霜霉病、叶斑病，可用500倍代森锌或1000倍多菌灵喷洒于叶面。

景观特征

叶片巨大，碧绿而具皱褶，浮生于水面，十分壮观。植株全身具刺，让人难以接近，有孤傲的气质。花色艳丽，花形奇特。

园林应用

叶大肥厚，浓绿具皱褶，花色明艳，形状奇特，孤植形似王莲。芡实在江南庭园中常与睡莲、荷花、黄菖蒲等一起配植于水体中，富有自然色彩。

芡实的叶、花和幼叶

芡实小水体造景

芡实叶形

芡实盆栽

芡实的叶背

芡实景观

水龙

别名：过塘蛇
科属名：柳叶菜科水龙属
学名：*Jussiaea repens*

水龙花序 ▷

形态特征

多年生草本，通常匍匐于水田中或浮出水面，全株无毛。茎圆柱形，基部匍匐状，由节部生出多数须根，上升茎高约 30cm。叶互生，长圆柱状倒披针形至倒卵形，长 3~7cm，宽 1~2cm，全缘，先端钝形或稍尖，羽状脉明显，基部狭窄成柄，两侧具有小而似托叶的腺体。花两性，单生于叶腋，白色或淡黄色；花梗长 3~4cm；在花梗与子房相接处常有鳞片状小苞片；花瓣 5 枚，倒卵形，顶部稍凹。蒴果圆柱形，长 2~3cm，具有宿存的花萼，光滑或有时生长柔毛。种子多数。

适应地区

分布于我国长江以南各地。生于池塘中、水田中或沟渠中。

生物特性

喜温暖、湿润和阳光充足的环境。不耐寒和干旱。生长适温为 18~22℃，冬季能耐 0℃低温。以肥沃、湿润的黏质壤土为宜。

繁殖栽培

在 3~4 月进行播种繁殖，控制温度在 20~25℃，待苗出齐，再进行移植。也可以分

水龙景观局部

水龙的漂浮器

株繁殖，繁殖的时间为春、夏两季。越冬季节，要把枯枝落叶清理干净，以防翌年病虫害的发生。

景观特征

花期夏、秋季，黄白色花朵十分引人注目，水龙的适应性强，繁殖容易，现今在水景配置中被广泛应用，以群体造景效果好。

园林应用

水龙在园林造景中是以群体的形式出现的，可种植于水体的边缘、中央。在水体边缘或岸边湿地配置，群体向水体中央延伸；在水体中央种植，群体从圆心向四周扩散，为了限定造景区域，有必要时可设置框定结构。盆栽可形成悬垂状，观赏效果好。

水龙景观。为限制其无限伸展，破坏水体景观整体效果，用竹竿等材料框定是有效的

水禾

科属名：禾本科水禾属
学名：*Hygroryza aristata*

▷ 水禾叶枝叶

形态特征

多年生浮水草本。根茎细弱，节上生有不定的羽状须根；秆常横卧于水面上漂浮。叶呈卵状披针形，顶端钝，基部圆形且收缩为短柄，叶面有紫斑；叶鞘光滑无毛，肿胀，扁形，生于节间；叶舌甚短，薄膜质。圆锥花序，小穗披针形。花、果期 7~11 月。品种有白纹水禾（cv. Albida），叶面具多条白色纵纹，观赏效果和景观效果优于原种。

适应地区

原产于我国华南地区，东南亚各国均有分布。

生物特性

每年 4 月（华南地区 2 月中旬）开始萌发，经长时期营养生长后，7~9 月开始抽穗开花；在 22~32℃之间有利于植株正常生长发育。

繁殖栽培

以带须根的茎节扦插进行无性繁殖。于 7~8 月扦插为宜，成活率较高；适宜温度为 25~30℃；空气相对湿度 78%~85%；水位应保持 3~5cm，过深或过浅都影响其成活率。经常清除杂草，清除枯萎枝条，加强病虫害防治。

景观特征

漂浮于水面上，叶面有紫斑。若覆盖着整个水面，则分不清是水面还是陆地。

园林应用

适合水体边缘点缀，着生于岸边湿地，向水体中央延伸，具有较好的观赏效果。也是小型水景良好的装饰材料。

水禾叶上斑纹

水禾延展性的枝条

水禾岸边湿地景观

亚马逊王莲

别名：王莲
科属名：睡莲科王莲属
学名：*Victoria amazonica*

形态特征

多年生或一年生大型浮叶草本。初生叶呈针状，6~10 片叶呈椭圆形至圆形，11 片叶后叶缘上翘呈盘状，叶面绿色略带微红，背面紫红色，叶直径 1~2.5m。花单生，常伸出水面开放，花大且美；花瓣多数，倒卵形，第一天白色，有白兰花香气，第二天花瓣变为淡红色至深红色。浆果球形。种子黑色。花、果期 7~9 月。

适应地区

原产于南美洲热带水域，自生于河湾、湖畔水域。

生物特性

要求在高温、高湿、阳光充足的环境中生长发育。生长适温为 25~35℃，对水温十分敏感，以 21~24℃最为适宜，生长迅速，3~5天出现新叶 1 片，当水温略高于气温时，对王莲生长更为有利。气温低于 20℃时，植株停止生长；降至 10℃，植株则枯萎死亡。

繁殖栽培

种子繁殖为主，4 月份低温恒温培养箱内进行催芽，种子放在培养皿中，加水深 2.5~3cm，每天换水一次。种子发芽后待长出第 2 幼叶的芽时即可移入盛有淤泥的培养皿中，待长出 2 片叶时移栽到花盆中。露地定植以 6 月为宜，水深以 0.8~1.5m 为宜，经常换水，

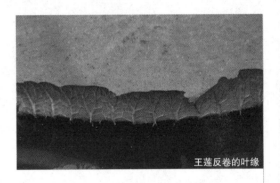

王莲反卷的叶缘

保持水质清洁。池中事先堆置好混合肥土，加适量有机肥，种植深度以泥土不盖过中心叶苞为宜。8~9 月进行 1~2 次追肥，同时去除老叶、黄叶。花谢后，将尼龙网袋扎住花茎，防止成熟种子散落。

景观特征

王莲以巨大奇特的盘叶和美丽浓香的花朵而著称。因它具有巨型奇特似盘的叶片，浮于水面，其浮力十分大，可承受 20kg 左右的儿童入座，甚为稀奇。

园林应用

王莲在园林水景中是水生花卉之王，若与荷花、睡莲等水生植物搭配布置，将形成一个完美、独特的水体景观，让人难以忘怀。如今它是现代园林水景中必不可少的观赏水生花卉，可形成独特的热带水景特色。大型单株具多个叶盘，孤植于小水体，效果好。在大型水体多株形成群体，气势恢弘。

✲ 园林造景功能相近的植物 ✲

中文名	学名	形态特征	园林应用	适应地区
克鲁兹王莲	*Victoria cruziana*	叶片在整个生长期内保持绿色，叶直径小于王莲，叶缘直立部分比王莲高近一倍，花色淡于王莲	同王莲	国内少有栽培

王莲的花蕾和幼叶 ▷

王莲景观

王莲景观

水面因王莲卷起的叶缘而呈现出雕塑感

王莲景观

王莲景观

荇菜

别名：莕菜、水荷叶
科属名：龙胆科荇菜属
学名：*Nymphoides peltata*

形态特征

多年生浮水草本。茎细长，圆柱形，多分枝，节上生根。上部叶近于对生，长 1.5~7cm，近革质，基部心形；具柄，长 5~10cm，基部变宽，抱茎。伞形花序束生于叶腋；花萼 5 深裂，披针形；花黄色，具梗，长 2.5~8cm，花筒的喉部有细毛；雄蕊 5 枚，花丝短，花药狭箭形；子房基部具 5 蜜腺，花柱瓣状 2 裂。蒴果长椭圆形，径约 2.5cm。种子边缘具纤毛。花、果期 8~10 月。

适应地区

广泛分布于我国南北各地。朝鲜、日本、俄罗斯也有分布。生长于池塘或不甚流动的河溪中。

生物特性

喜温暖、水湿和阳光充足的环境。耐寒，不耐干旱，稍耐阴。生长适温为 15~30℃，温度低于 10℃时生长停止，冬季能耐 -15℃低温。以富含有机质的肥沃黏土为宜。

荇菜景观

繁殖栽培

常用播种繁殖和分株繁殖。播种繁殖，种子在 3 月进行催芽，加水 1~3cm，保温、保

✻ 园林造景功能相近的植物 ✻

中文名	学名	形态特征	园林应用	适应地区
金银莲	*Nymphoides indica*	茎细长，不分枝，节上生根。单叶，圆心脏形，无柄或柄极短	同荇菜	我国台湾、云南、广东、湖北、安徽等
水皮莲	*N. cristata*	茎长，节上生根。单叶，上面绿色，背常紫红色，具柄	同荇菜	广东、台湾、湖南、福建、江苏等
小荇菜	*N. coreana*	茎细长。节上生叶 1~2 片，叶片上面绿色，下面常带紫色，有斑点；叶柄细长，长 3~10cm	同荇菜	我国东南部地区
刺种荇菜	*N. hydrophylla*	叶片常数片簇生，膜质，心形，柄纤细。苞片基生，三角形	同荇菜	广东、海南

湿。分株繁殖，茎上节处生根长芽，形成小植株，截取做繁殖材料。栽培初期浅水，后随苗的生长情况逐渐加深水位。在生长期内，要及时清除杂草和杂物，保持水体的清洁，并结合除草追肥 1~2 次，促使植株生长发育，提高其观赏效果。在北方，冬季要进行越冬处理。主要虫害为蚜虫，用 40% 的乐果乳剂 1000 倍液喷杀即可。

水皮莲

景观特征

荇菜有翠绿的叶片，黄色的小花覆盖水面，显得十分精巧、别致，还有几分情趣，特别适合家庭水池、溪沟和盆栽观赏，具有较好的装饰效果。

园林应用

植株在盛夏时期叶片翠绿，花色多样美丽，是各种水景的良好绿化材料，如今已开始进入庭园水景配植和盆栽观赏，并成为时尚。

金银莲

莼菜

别名：马蹄草
科属名：睡莲科莼属
学名：*Brasenia schreberi*

莼菜叶特写 ▷

形态特征

多年生浮叶型水生草本。具葡匐根茎，茎细长，多分枝。根为须状，簇生于茎节处，嫩根白色，老根紫褐色。茎分为地下葡匐茎和水中茎，其内有发达的通气组织；茎绿色，密生茸毛，茎节突出，节可抽生分枝。叶盾状，互生，椭圆形，全缘，上面绿色，背面紫红色或绿色，叶脉呈放射状。花出自叶腋，有长柄，挺出水面，花为两性，花径1~2.5cm；萼片、花瓣各3枚。果实不开裂，革质，有喙。种子1~3颗，红褐色，椭圆形。花期5~7月，果期9~11月。主要品种类型有红叶红萼和绿叶绿萼。红叶红萼类型分布于太湖流域；绿叶绿萼类型分布于湖北、四川。

莼菜景观局部

莼菜景观

适应地区

分布于江苏、浙江、江西、湖南、湖北、四川、云南等地。

生物特性

喜温暖、湿润、光线充足，在水质清洁、水源畅通的缓流湖塘中生长良好。喜微酸性至中性的土壤及水质。适宜水位为50~100cm，温度为20~35℃。

繁殖栽培

主要采用分株、扦插及冬芽繁殖三种无性繁殖方式。分株繁殖是将地下茎上分蘖的植株割下直接定植。扦插繁殖是将水中的茎切成段，扦插培养。冬芽繁殖是在植株未开始萌动前，挖取地下茎芽分段，直接种植，繁殖系数高。生长季节要及时清除杂草及异物，追肥2~3次。

景观特征

叶形小巧玲珑，形似马蹄，清新秀丽，浮生于水面。夏日开花时节，紫红色小花镶嵌于碧绿叶缝之中，与水面倒映的蔚蓝天空、花草树木，构成一幅生动的"水景画"。

园林应用

叶形美观，叶有红、绿色之别，各品种搭配应用于水体景观相间布置，形成整体的观赏效果。一般种植于大型水体浅水区或作小型水体点缀，作水面覆盖，也可缸栽，布置于庭院、公园。

浮叶慈姑

科属名：泽泻科慈姑属
学名：*Sagittaria natans*

形态特征

多年生水生浮叶草本。根状茎匍匐。沉水叶披针形，或叶柄状；浮水叶呈长椭圆状披针形，叶端钝而具短尖头或渐尖，基部叉开呈箭形，全缘，5~7 条平行脉直贯叶端，叶柄长短视水的深度而定，基部扩大成鞘。聚伞式小圆锥花序挺出水面，花白色，花瓣倒卵形；花单性，稀两性。瘦果两侧压扁，背翅边缘不整齐。夏秋之间开花结果。

适应地区

我国东北、华东、西南、华中地区以及蒙古、俄罗斯等国家均有分布。生于池塘、水坑、小溪及沟渠等静水或缓流水休中。

生物特性

喜温湿的气候，对水体环境适应性较强。常可在野外池塘和沟渠中找到。

繁殖栽培

以分株繁殖为主，选择无病虫害的球茎用刀切下芽，保留一定的营养体，并清除伤口的分泌物，苗床育苗，保持 20℃，水位 1~3cm，20 天左右顶芽开始萌动生根，即可移栽定植。也可用种子繁殖，移植于池塘后，加强光照、通风，及时清除杂草，防治病虫害。生长旺盛季节，应注意清除枯黄叶、部分弱株，以利于通风透光。在长江流域以北要进行越冬处理。

浮叶慈姑景观局部

浮叶慈姑株形和花

景观特征

叶形多变，形态奇特美丽，花小纯洁，是一种良好的水生花卉植物。

园林应用

可点缀园林水景。

✳ 园林造景功能相近的植物 ✳

中文名	学名	形态特征	园林应用	适应地区
冠果草	*Sagittaria guayanensis*	多年生浮水草本，叶阔卵形，无顶裂片和侧裂片之分。花白色	同浮叶慈姑	同浮叶慈姑

浮叶眼子菜

科属名：眼子菜科眼子菜属
学名：*Potamogeton natans*

形态特征

多年生水生草本。根茎发达，白色，分枝。茎圆柱形，直径1.5~2mm，通常不分枝。浮水叶革质，卵形或矩圆状卵形，长4~9cm，宽2.5~5cm，先端圆形或钝尖头，基部钝圆或心形，具10~20cm长的柄；叶脉多，可达23~35条，顶端连接；沉水叶披针形至狭披针形，厚草质，具柄，常早落；托叶膜质，顶端尖锐，呈鞘状抱茎。穗状花序顶生，具花多轮，开花时伸出水面，长3~5cm；花序梗稍膨大，粗于茎。花小，花被片4片，绿色。花、果期7~10月。

适应地区

广泛分布于我国东北、西北地区，国内各地引种栽培。生于池塘、水田和水沟等静水中，水体多呈微酸性至中性。

生物特性

喜温暖、水湿和阳光充足的环境。耐寒，也耐半阴，怕干旱。生长适温为15~28℃，温度低于10℃时生长停止，冬季能耐-15℃低温。

浮叶眼子菜景观局部

繁殖栽培

有性繁殖，催芽在3~4月进行，最适宜水温为25~28℃。将已催好芽的种子撒播在泥土表面，加水深2~3cm，待长出茎时移植。无性繁殖，生长期切取地下茎上的分生植株进行繁殖。在苗期，因眼子菜茎细弱，生长速度慢，要及时清除水中杂草与防治虫害，并追肥1~2次，促进植株的生长发育。

景观特征

眼子菜资源十分丰富，在庭园水景的配置和室内水草开发上，都有很好的前景。其叶片翠绿，夏季从水中抽出穗状花序，着生绿色小花，虽不醒目，但在清澈的水体中很有特色。

园林应用

适合静水水面栽培，尤其是在溪沟边配置，水流速度要平稳，有缓冲。也适合水族箱栽培，既有浮水叶又有沉水叶，效果特别好。

浮叶眼子菜缸栽

∗ 园林造景功能相近的植物 ∗

中文名	学名	形态特征	园林应用	适应地区
小眼子菜	*Potamogeton pusillus*	叶线形，无柄；中脉明显，两侧伴有通气组织所形成的细纹；侧脉不明显，托叶为无色透明的膜质	同浮叶眼子菜	同浮叶眼子菜
眼子菜	*P. distinctus*	茎通常不分枝。浮水叶革质，卵形至矩圆状卵形，具长柄	同浮叶眼子菜	东北地区
蓼叶眼子菜	*P. polygonifolius*	浮水叶革质，卵形至椭圆形；沉水叶草质，披针形；托叶近膜质，成鞘状抱茎	同浮叶眼子菜	新疆
小节眼子菜	*P. nodosus*	浮水叶长椭圆形或卵状椭圆形，具长柄；沉水叶披针形	同浮叶眼子菜	陕西

∗ 其他主要浮叶型植物 ∗

中文名	别名	学名	科名	形态特征	生物特征	园林应用	适应地区
浮叶毛茛		*Ranunculus fluitans*	毛茛科	叶茎生，叶片线形，全缘。花单生，白色，花瓣5枚，雄蕊黄色	能适应多种生态环境	园林水景布置	全国各地均有分布
田干菜		*Aponogeton distachyos*	水薤科	具块状茎。叶基生，长椭圆形，全缘。花白色，穗状花序，有柄，开花时挺出水面	喜温暖、湿润的环境。植株在幼苗期沉入水中	点缀园林水景，也用于水族箱造景	南方地区
水薤	田干菜	*A. natans*	水薤科	叶基生，叶长卵形至披针形，顶端钝，全缘；叶柄细长，将叶片托出而浮于水面	喜温暖、湿润的环境。在20~30℃之间最适宜生长	点缀庭园水景	南方地区

第四章 漂浮型植物造景

 造景功能

该类植物植株漂浮于水面，与浮叶类植物一样是绿化、美化水体界面的重要类群。其位置不定，随风浪和水流四处漂浮，随时可以改变水面的景观效果。在景观营造中漂浮不定常常是一个不利的因素，因此漂浮型水体景观植物在造景过程中需要框定范围，以确保景观的稳定性。

茶菱

别名：铁菱角
科属名：胡麻科茶菱属
学名：*Trapella sinensis*

形态特征

多年生草本。根状茎横走，有多数须根。茎细长。叶对生，沉水叶披针形，长 3~4cm，疏生锯齿，具短柄；浮水叶肾状卵形或心形，基部浅心形，边缘有波状齿，有 3 条脉。花单生于叶腋，具梗，梗长 1~3cm，花后增长；花白色或蓝色，管部黄色，在茎上部叶腋多为闭锁花；花冠漏斗状，5 裂片，圆形。果实圆柱形，径 1.5~2cm，不裂，有翅，在宿花花萼下有 5 枚细长针刺，其中 3 枚长 4~7cm，顶端卷曲，2 枚钻刺状，长达 2.5cm。花、果期 6~9 月。

适应地区

分布于我国东北、华北、华东和华中地区，俄罗斯也有分布。

生物特性

常群生在池塘或湖泊中，适应性广，适宜温度为 18~32℃。植株形体小，生长速度较慢。适应全日照环境。

繁殖栽培

播种繁殖在 3~4 月进行，温度上升到 15℃ 左右时即可播种。无性繁殖，将老茎挖出，将带有芽的茎切成长 8cm 左右的茎段在苗床培养，约 40 天左右移栽定植。茶菱植株较小，长势较弱，生长速度慢，因此，在植株生长的发育过程中要及时管理，清除杂草和杂物，保持水质的清晰度，方可达到其观赏效果。

景观特征

单株看，叶、花、果的形态奇异，是极好的观赏植物。群体效果良好，成片生长时，可完全覆盖水面。由于植物体小，叶型也小，构成质地细密的绿色植被，不同于其他浮叶水生植物。不同季节变化明显，秋季可变为褐红色。

园林应用

用于小型水体边缘或浅水水体绿化，常成片栽培，形成水体覆盖景观。用容器栽培，可在庭院、室内造景观赏。

茶菱的果和枝条

茶菱群体

菱

别名：菱角
科属名：菱科菱属
学名：*Trapa japonica*

菱的花及叶 ▷

形态特征

一年生浮叶草本。叶二型，沉水叶细裂，裂片丝状；浮水叶聚生于茎顶，呈莲座状，叶片宽菱形、卵状菱形或三角形，长2~4.5cm，宽2~6cm，基部宽楔形，中上部边缘具齿，基部全缘，叶表面绿色，无毛，背面被长软毛，尤以凸起脉上显著，叶柄被长软毛，后脱落变稀疏或近无毛，中部以上膨胀成海绵质气囊，被柔毛。花白色，单生于叶腋；萼片4深裂；花瓣4枚，基部密生毛；雄蕊4枚；子房半下位，2室，柱头头状；花盘鸡冠状；花梗短，果期向下，时常疏生软毛。肩角间宽4~6cm，平伸至稍斜上，先端具倒刺，果冠小，不明显，径0.3~0.5cm。10~11月，坚果成熟。

适应地区

分布于我国西北、华北、华中及东北地区，生于湖泊或河湾中。

生物特性

喜阳光充足，环境荫蔽则植株生长不良。喜温暖，怕寒冷，在20~30℃的温度范围内生长良好，当入秋后地下部分开始死亡。

繁殖栽培

一般用种子繁殖和分株繁殖，也可用分株法进行育苗。种子选择外形完好、能够沉住水里的果实做种，多在每年3~4月进行。对水质适应性较强，在水位稳定、深度不超过2m的池塘中生长良好。水体的pH值控制在6.0~10.0间。其对肥料的需求量较多，生长旺盛期每隔2~3周追肥一次。少施氮肥，多施磷、钾肥。

景观特征

长势强，叶片美观，将其投放在池塘中，用不了多久它就会长出繁茂的叶片，绽开朵朵白色的小花，结出沉甸甸的果实，让人更好地领略到水生植物的独特魅力。

园林应用

适合露地栽培，为池塘水面的装饰材料。在静水水体常成片大面积布置，气势宏大，为防止在水面无序展开，应当设置框定设施，限定范围。在流动水体的回水沱点缀几株，效果也不错。

冠菱景观

菱在静水水体中的景观

中文名	学名	形态特征	园林应用	适应地区
东北菱	*Trapa manshurica*	叶二型，沉水叶羽状细裂，叶片三角状菱形或宽菱形。果冠大，向外反卷	同菱	东北地区
细果野菱	*T. maximowiczii*	坚果三角形，很小，表面平滑，肩角向上，先端锐尖，但无倒刺，果颈圆锥状，无果冠	同菱	长江流域及东北地区
野菱	*T. incisa*	无沉水叶，浮水叶三角状菱形，较小。果倒三角形，腰角扁圆锥形。果冠小，果表有凹凸不平的刻纹	同菱	华北、华东、华中、华南、西南地区
红菱	*T. bicornis*	果实倒三角状元宝形，肩角向左右水平展开或先端向下弯曲，角尖达果体的基部	同菱	长江以南各地

菱的水体景观

中文名	学名	形态特征	园林应用	适应地区
四角菱	T. quadrispinosa	花萼片4深裂，披针形；花瓣4枚，椭圆形。坚果菱形，具有4个较短的刺状角	同菱	全国各地多有栽培
格菱	T. pseudoincisa	浮水叶小，卵状三角状，具锐锯齿。果倒三角形，2个肩角平展	同菱	东北、华北、华东和华中等地
冠菱	T. litwinowii	浮水叶菱形，较大，边缘具钝齿，叶面绿色，有紫斑，叶背被密柔毛。果三角形，2个肩角平展	同菱	东北、华北、华东等地

菱的果

格菱的植株

冠菱的植株

冠菱造景

大漂

别名：大浮萍
科属名：天南星科大漂属
学名：*Pistia stratiotes*

形态特征

多年生漂浮型水生草本。具须状根，须根生于植株基部，细长而悬于水中。无直立茎，茎具匍匐横交。叶无柄，聚生于缩短、不明显的茎上，生成莲座状，叶片倒卵状楔形，两面均被短茸毛。肉穗花序贴生于佛焰苞片，佛焰苞小，淡绿色，中部收缢，形似剖开的葫芦，密被长柔毛；花小，单生，无花被；花序上部有雄花 2~8 朵；雌花单生于苞的基部；子房 1 室，胚珠多数。果实浆果状。花、果期夏、秋季。

大漂宽阔水体造景

大漂群植景观

适应地区

分布于长江流域以南各省区，自生于静水的湖泊、河流、池塘和水渠等肥沃的静水或缓流的水面中。

生物特性

喜温暖、水湿和阳光充足的环境。不耐寒，怕干旱，稍耐阴。生长适温为 15~22℃，温度超过 35℃或者低于 10℃时植株停止生长。

繁殖栽培

种子采收较难，多用分株繁殖。由种株叶腋抽生出匍匐茎，每株约分生匍匐茎 2~10 条，并在先端生长出新的株芽，进行分栽。若在露地流动水面养植，要用竹竿等进行围栏，使植株在围栏内生长繁殖。在生长期内，应清除静水中的水绵、藻类等杂物，同时还要尽快提高水温。当植株生长停止进入休眠期时，应将生长健壮的植株收回贮藏，进行越冬，留做翌年的种株。

景观特征

叶色翠绿、叶形奇特，形似莲状宝座，漂浮在纯净的水面上，象征福星高照，深受人们喜欢。

园林应用

为园林水景中水面绿化、净化的良好观叶植物。圈养时不能满塘，必须露出较大水面，才能突出大漂美丽的一面。

大漂与雕塑搭配造景

大漂水体点缀

大漂小水体点缀

满江红

科属名：满江红科满江红属
学名：*Azolla imbricata*

满江红的两种色彩 ▷

形态特征

一年生漂浮蕨类植物。蓝绿色，在日光中现红色。根状茎横走，羽状分枝，向水下生出须根。无叶柄，叶交互着生在分枝的茎上，就像一串串小葡萄；每一片叶都分裂成上下两部分；上裂片绿色，浮在水上；下裂片几乎无色，沉在水中，上面生有大、小孢子果，分别产生大、小孢子。

适应地区

分布于秦岭—淮河一线以南各地。

生物特性

生于水田或池塘中，它是蕨类中唯一能与可固定空气氮素的蓝藻共生的种类。在满江红叶的上裂片下部有一空腔，腔内有一种叫鱼腥藻的蓝藻与满江红共生。

繁殖栽培

一般用不着营养繁殖，即可依靠自体的侧枝断离繁殖，可使满江红产生性器官（孢子果），以休眠状态过严冬或酷暑，待环境适宜再通过两性结合产生新个体。四处漂浮，扩散快，可框定种植。

景观特征

只要环境适宜，满江红生长和繁殖十分迅速，虽然体形小，却通过极大的个体数量布满整个水面，好像水面上铺了一床红彤彤的地毯，景色十分动人。

园林应用

满江红是水面绿化、美化的好材料，满布水面，可防蚊类幼虫生长。

满江红景观

冬春时节，满江红红遍水体

浮萍

别名：青萍
科属名：浮萍科浮萍属
学名：*Lemna minor*

紫萍叶特写

形态特征

多年生草本的漂浮性水草。植物体退化成一小的叶状体，叶片浮于水面，圆形至卵圆形，呈淡绿色，长 5~10mm、宽 4~8mm，叶片下的颜色较淡，具 5 条脉，叶下面中部有 1 条毛状根。

适应地区

原产于世界淡水水域，在自然界中多生长在稻田、池塘、溪流等水流缓慢的水域中。

生物特性

适应于温暖、湿润的气候。在气温 23~33℃条件下，最适宜植株生长，繁殖也很迅速。低温或高温都不利于植株的正常生长。

繁殖栽培

常以叶状体的侧边芽繁殖，繁殖能力强。放养时用竹竿将浮萍框起，防止风浪冲散，四处漂浮。生长迅速，若不加以控制，常会占满整个水面，从而影响到其他植株。对水质的适应能力强，不需要特别养护。

景观特征

夏日碧绿的浮萍静静漂浮于水面上，显得安静可爱。当微风吹拂时，随着水波左右摆动，十分有趣。

浮萍群体

茂盛的浮萍群体

园林应用

应用于庭园水景和盆栽观赏。

* 园林造景功能相近的植物 *

中文名	学名	形态特征	园林应用	适应地区
紫萍	*Lemna punctata*	叶片呈椭圆或倒卵形，表面为深绿色，背面为紫红色。根 3~5 条。紫萍内部充满气室，可以储存大量空气	漂浮于水面	全国各地

槐叶蘋

别名：蜈蚣漂
科属名：槐叶蘋科槐叶属
学名：*Salvinia natans*

形态特征

浮水草本。叶片在茎节上轮生，3 片为一轮；其中 2 片为浮水叶，绿色，长椭圆形或卵形；1 片为沉水叶，细裂成丝，形如根，密被褐色节状短毛，在水中形成假根；水面叶在茎两侧紧密排列，形如槐叶，长 8~15cm，宽 5~8mm，先端圆钝尖，基部圆形或呈心形，中脉明显，侧脉约 20 对，脉间有 5~9 个凸起，凸起上有一簇粗短毛；叶全缘，上面灰绿色，下面灰褐色，生有节的粗短毛，叶柄长约 2mm。孢子果小，生少数有短柄的大孢子囊，含大孢子 1 个；小孢子果略大，生多数具长柄的小孢子囊，各有 64 个小孢子。孢子果期 9~10 月。

槐叶蘋景观

上形成新的分枝，脱落后形成新的植株。繁殖系数高，速度快。在春季 4~5 月，选择背风向阳的水域，将植株集中圈养。在生长期内应及时除去杂草，施肥 1~2 次，促进幼苗生长旺盛，以利观赏，同时要保持水源流畅、清洁，适当遮阴，防止阳光直晒。

适应地区

原产于我国长江以南及华北和东北地区，越南、印度及欧洲也有分布。

生物特性

喜生于水田、沟塘和静水沟边。喜温暖、怕寒、怕强光，喜浮于水质肥沃的水田、水沟或池塘中。生长适温 0 为 20~35℃，在 10℃以下停止生长，超过 35℃以上的高温及 5℃以下的低温则生长不良。

景观特征

生长势强，易于管理。植株虽无动人之花，但是将其投放于水池之中，却能够随遇而安，生机勃勃，用不了多久便会为水面带来一片绿色。

繁殖栽培

以孢子和营养体繁殖。沉水叶叶柄末端产生孢子，成熟后脱离母体，翌年发芽。营养体

园林应用

植株漂浮在水面控制区的清澈水上极富情趣，可用于装点池塘水面，有清污、净水质的功效。

❉ 园林造景功能相近的植物 ❉

中文名	学名	形态特征	园林应用	适应地区
美丽槐叶蘋	*Salvinia auriculata*	叶密集，斜上，有立体感	同槐叶蘋	全国各地
蜂巢槐叶蘋	*S. molesta*	叶色黄绿，密集，叶卷曲成杯状，密集排列如蜂窝	同槐叶蘋	华南地区

春发的槐叶蘋

春发的槐叶蘋

蜂巢槐叶蘋景观

槐叶蘋与菱角混生

蜂巢槐叶蘋群体（初生型）

蜂巢槐叶蘋群体（次生型）

凤眼莲

别名：水葫芦
科属名：雨久花科凤眼莲属
学名：*Eichhornia crassipes*

形态特征

多年生水生草本，高 30~100cm。茎短缩，根丛生节上，须根发达，悬浮于水中，具匍匐横走茎。叶呈莲座状基生，直立，叶片卵形、倒卵形至肾形，光滑，全缘；叶柄基部略带紫红色，中下部膨大呈葫芦状气囊。花葶单生、直立，中部有鞘状苞片，穗状花序，花 6~20 朵；花被蓝紫色，6 裂，在蓝色花被的中央有黄色的斑点，外面的基部有腺毛；雄蕊 3 长 3 短，长的伸出花被外，3 枚花丝具腺毛；雄蕊花柱单一，线形，花柱上有腺毛，子房卵圆形。种子多数，有棱。品种有大花凤眼莲（cv. Major），花大，浅紫色；黄花凤眼莲（cv. Aurea），花黄色。

适应地区

原产于南美洲，现广泛分布于我国。

生物特性

适应性强，喜温暖、湿润、阳光充足的环境，生长在水田、水沟、池塘与河流湖泊中，或生长在低畦积水的湿地之中。凤眼莲通过叶柄的气囊悬浮于水面上，或在浅水、湿地扎根泥中生长。繁殖迅速，在水面上形成群落，易污染环境，成为害草。花后花葶弯曲入水中生长，子房在水中发育膨大，种子 40 天左右成熟。

繁殖栽培

有性繁殖，种子寿命长，贮藏达 10 年以上，但一般不采用。无性繁殖即分株繁殖，于春夏进行，采取母株基部侧生长出的匍匐枝，切取新株繁殖即可。生长的前期（4~6 月），植株生长缓慢，分株少，此时应加强管理，注意防风保温，水位宜浅不宜深。生长旺盛期（7~9 月），分株迅速，应根据生长需要适当追肥，水位也随之加深。

景观特征

叶色亮绿，叶柄奇特，花朵高雅俏丽，是园林水景设计中的良好植物，花序可做切花。

园林应用

无论是成片群植还是单株盆栽，都能取得理想的观赏效果，除了美化水体环境外，凤眼莲也是净化水体的良好材料。在水面种植凤眼莲，可以吸收水中的重金属元素和放射性的污染物。

凤眼莲湿地生植株，叶柄膨大程度大为减小

凤眼莲水中漂浮植株

凤眼莲花

凤眼莲花序

凤眼莲小型水体景观，范围可以框定

凤眼莲在宽阔湖面的景观

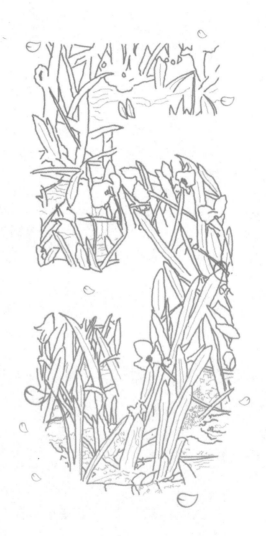

第五章 沉水型植物造景

 造景功能

该类群植物由于植株沉于水中，只有花朵部分露出水面，在大型园林水体造景方面运用不多。小型水体，特别是水体浅、水质清澈的水体，该群植物能营造幽深、神秘、宁静的气氛。当沉水植物开花时，平静的水面朵朵细小的、或黄或白的花朵，更能营造静谧、安宁的景观效果，如黄花狸藻的黄色花朵及海菜花、水车前、狐尾藻的白色花朵均有此效果。沉水植物，特别是观赏水草，是家庭水景营造的良好植物材料，应用越来越广泛。

黄花狸藻

别名：大狸藻、黄花挖耳草、金鱼茜
科属名：狸藻科狸藻属
学名：*Utricularia aura*

黄花狸藻花序

形态特征

多年生沉水草本，浮于水面或于泥地蔓生，长 30~100cm。茎细长，多分枝。复叶互生，长 3~7cm。总状花序腋生；小花 5~12 朵，唇形；花冠黄色，复叶互生。蒴果长颈瓶状，直径 5~7mm。种子多数，扁平。花期 5~9 月，果期 7~10 月。

适应地区

原产于马来西亚、印度、越南、澳大利亚和中国南部。

生物特性

喜光照充足的环境，但注意不要使日照过强。喜温暖，怕低温，在 20~30℃的温度范围内生长良好，越冬温度不低于 10℃。

繁殖栽培

用分株法繁殖，可在每年 5~8 月进行。由于黄花狸藻在冬季形成冬芽，冬芽落入水底后可于翌年春季再度萌芽，因此也能利用分栽冬芽的方法进行育苗。对水质要求不严，可在硬度较低的淡水中进行栽培，注意盐度不能过高。其对肥料需求量较少，注意防止藻类危害。

黄花狸藻景观

景观特征

黄花狸藻虽然不很起眼，但却有惊人技能，它可凭借特有的捕虫囊来捕食水中的小动物，是一种能够给观赏者带来新奇之感的水生植物。

园林应用

可于大型水体中那些没有立体绿化或水面绿化的区域种植，增加水体的景观多样性，特别是花期时效果更好，一枝枝黄色的花序挺出水面，有神秘、幽深的意境。一般用于小型水草水族箱单独种植，也常用于小水景美化。

❋ 园林造景功能相近的植物 ❋

中文名	学名	形态特征	园林应用	适应地区
囊状狸藻	*Utricularia gibba*	茎细长，柔弱。羽状叶片上着生捕虫囊。花黄色，有红色条纹	同黄花狸藻	我国南部
细叶狸藻	*U. minor*	茎粗。叶 4~6 回二叉分裂，长 1~2cm，裂片扁平，捕虫囊多生于 2 回裂片分叉的下部	同黄花狸藻	我国南部
狸藻	*U. vulgaris*	茎粗，多分枝。叶互生，呈 2 回羽状分裂，裂囊片线形，小裂片下生有捕虫囊，卵形	同黄花狸藻	我国南部

矮慈姑

别名：凤梨草、瓜皮草、线叶慈姑
科属名：泽泻科慈姑属
学名：*Sagittaria pygmaea*

矮慈姑花特写 ▷

形态特征

一年生草本，高 10~20cm。具地下横走根茎，先端膨大成球状块茎。叶基生，条形或条状披针形，顶端钝，基部渐狭，稍厚，网脉明显。花葶直立；花序圆锥状伞形，简单；花少数，轮生，有 2~3 轮，单性；雌花生于下部，通常 1 朵，无梗；雄花生于上部，2~5 朵，有细长梗；苞片长椭圆形；萼片 3 枚，倒卵形；花瓣 3 枚，白色；心皮多数，集成圆球形。瘦果宽倒卵形，扁平，两侧具狭翅，翅缘有不整齐锯齿。花、果期 5~11 月。

适应地区

分布于朝鲜、日本、越南、中国等地。生于浅水池塘、沼泽及稻田中。

生物特性

喜日光充足的环境，在疏阴之处也能较好生长。喜温暖，耐低温，在 16~28℃的温度范围内生长良好，地下部能在冰层的保护下顺利越冬。夏季高温时节最好每周为其除草一次，以保证植株更好生长。

繁殖栽培

植物以分株繁殖为主，多在每年 3~5 月进行。也可采用播种进行育苗。地栽宜选用腐质的塘泥，也可将其种植在腐质的黏质壤土中。将其种植在水位稳定的岸边，水深不宜超过10cm。矮慈姑对肥料的需求为中等，生长旺盛阶段可根据情况以每 2~3 周的间隔进行追肥。

景观特征

植株矮小，叶色宜人，无论是地栽还是盆栽，均能够为环境增添野趣，带来绿意。

园林应用

植物可地栽于湖畔溪边，用于浅水水体造景，也可进行盆栽，作为庭院装饰植物。水浅时也可作挺水植物状，群体景观效果好，特别白花盛开时景色尤佳。

矮慈姑景观局部

矮慈姑景观

水车前

别名：矮象耳菜、玻璃皇冠草、海菜
科属名：水鳖科水车前属
学名：*Ottelia alismoides*

形态特征

一至多年生沉水草本。茎短而不明显。叶丛生，青绿色至红褐色，呈透明状，内部结构清晰可见，有柄，叶形态多变：种子萌芽长出短且细小的线形叶，幼苗期多为剑形叶至匙状叶，成熟期则殆为广卵形叶；叶脉显著，中肋下凸。夏至秋季为盛花期；花单出，腋生，具三角形花梗；花包裹于佛焰苞中，佛焰苞具 3~5 条纵向的翼，翼作波浪状皱褶；花萼 3 枚，线状披针形，膜质；花瓣 3 枚，淡紫色至紫色，偶尔会有近乎白色者，基部黄色，表面有数条纵向皱褶；雄蕊 6 枚，花丝淡黄色而花药深黄；花柱 6 枚，长短不一，黄色的柱头 2 裂。果实长纺锤状，有棱，顶端有宿存的花萼。种子细小，紫黑色，被黏质。花期 6~10 月，果期 7~11 月。

适应地区

全国各地广为分布，常生于浅水池塘、水沟。

靖西海菜花植株

水车前景观

生物特性

喜温暖和光照充足的环境，每天至少要接受 3~4 小时的散射日光，当环境荫蔽时，新叶容易发黄，老叶逐渐腐烂死亡。水温以 22~26℃为宜，冬季在华东地区室外能越冬。水质要求 pH 值为 6.0~7.0。

繁殖栽培

用播种法繁殖，可在每年 3~4 月进行。当小苗长出 4~5 片较大真叶时即可进行定植。由于水车前的叶片很脆，稍不留神就会被碰伤，因此操作时必须多加小心。栽培水体保持一定的流动性，同时保持水质清洁。对肥料的需求量较多，如发现水车前生长缓慢、叶片变小时，则说明肥料供应不足，应及时予以补充。

景观特征

其长势强，易于管理，叶片肥大，色绿宜人，叶形变化大，极像车前草，水中的姿态耐人寻味，具有很高的观赏价值。

* 园林造景功能相近的植物 *

中文名	学名	形态特征	园林应用	适应地区
海菜花	*Ottelia acuminata*	叶基生，叶片线形、长椭圆形、披针形或卵形，先端钝，基部心形。花白色，基部黄色	同水车前	同水车前
芦荟水车前	*O. aloides*	匍匐茎短。叶基生，叶片线形或披针形，锯齿状，长50cm。花杯状，白色	同水车前	同水车前
心形水车前	*O. cordata*	叶基生，叶片质薄，长椭圆形，披针形或带形，全缘	同水车前	同水车前
靖西海菜花	*O. acuminata* var. *jingxiensis*	叶基生，叶片质薄，长椭圆状卵形，全缘	同水车前	同水车前

园林应用

造景功能同黄花狸藻，开花时露出水面的是白色的花朵。水车前也常用于水族箱后景和侧景的布置，让人有一种柔美和舒适的美感。

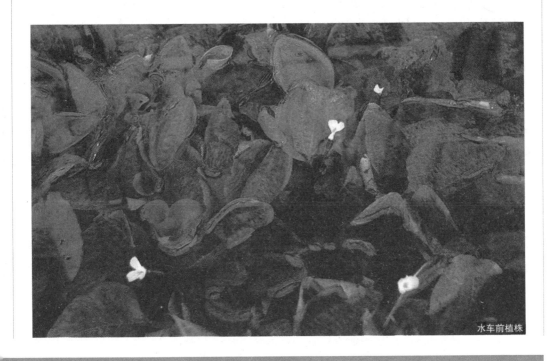

水车前植株

苦草

别名：扁草
科属名：水鳖科苦草属
学名：*Vallisneria natans*

形态特征

沉水草本。具匍匐茎，白色，光滑，先端芽浅黄色。叶基生，线形或带形，长 20~200cm，宽 0.5~2cm，绿色或略带紫红色，常具棕色条纹和斑点，先端圆钝，边缘全缘或具不明显的细锯齿，叶脉 5~9 条；无叶柄。花单性；雌雄异株；雄佛焰苞卵状圆锥形，长 1.5~2cm，宽 0.5~1cm，成熟的雄花浮在水面开放；萼片 3 枚，大小不等，成舟形浮于水上，中间 1 枚较小，中肋部龙骨状，向上伸似帆；雌佛焰苞筒状，受精后螺旋状卷曲；子房下位，圆柱形，光滑，胚珠多数。果实圆柱形，长 5~30cm。种子倒长卵形，有腺毛状凸起。

苦草沉水植株，开花时的螺旋状花梗

适应地区

产于我国吉林、河北、陕西、山东、江苏、安徽、浙江、江西、福建、台湾、湖北、湖南、广东、广西、四川、贵州、云南等地。中南半岛及日本、马来西亚和澳大利亚也有分布。

生物特性

喜无日光直射的明亮之处，可让它每天接受 2~3 小时的散射日光。如光照不足，则植株生长缓慢。喜温暖，耐低温，在 22~30℃ 的温度范围内生长良好，越冬温度不宜低于 5℃。

繁殖栽培

种子繁殖和无性繁殖。种子繁殖，3~4 月将种子催芽，播于营养土中，加水高出地面 3~5cm，保温保湿，待生长健壮移栽。无性繁殖于 5~8 月进行，切取地下茎上分枝进行繁殖，方法简便。栽种前将种植区域内的杂草和异物清理干净，施足基肥，待水澄清后进行移栽定植，每蔸 5~8 株，株行距 30cm×80cm。初期生长慢，必须保持水质清澈，增加水中的光照，追肥 1~2 次。苦草生长迅速，其匍匐茎常常四处蔓延，因此每隔一段时间要进行清理。

景观特征

生长迅速，容易成片，形成水下地被。叶片狭长而柔软，在水流的带动下舒展摇摆，给人以宁静、温馨的感觉，是水下植物景观营造的好材料。开花时雌雄花伸出水面，在水面受精后呈螺旋状收缩水底，是自然界一大奇观。

园林应用

苦草植株叶长、翠绿、丛生，是植物园水景、风景区水景、庭院水池的良好水下绿化材料。也适合室内水体绿化，是装饰水族箱的良好材料，常作背景草使用。

苦草沉水植株

苦草植株

苦草群体景观

苦草开花时的景观

＊园林造景功能相近的植物＊

中文名	学名	形态特征	园林应用	适应地区
刺苦草	*Vallisneria spinulosa*	葡匐茎上有小棘刺，有越冬块茎，叶缘有明显锯齿，紫色	同苦草	江苏、湖北、湖南等地
密刺苦草	*V. denseserrulata*	常从叶腋发出葡匐茎，黄白色，具微刺，叶缘具密钩刺	同苦草	广东、广西等地

黑藻

科属名：水鳖科黑藻属
学名：*Hydrilla verticillata*

形态特征

多年生沉水草本。茎圆柱形，表面具有纵向细棱纹，质较脆。休眠芽长卵圆形；苞叶多数，螺旋状紧密排列，白色或淡黄绿色，狭披针形至披针形。叶3~8片轮生，常具紫红色或黑色小斑点，先端锐尖，边缘锯齿明显，主脉1条，明显；无柄，具腋生小鳞片。花单性，雌雄同株或异株；雄佛焰苞近球形，绿色，表面具明显的纵棱纹，顶端具刺凸；雄花萼片、花瓣各3枚，白色。果实圆柱形，表面常有2~9个刺状凸起。种子2~6颗，褐色，两端尖。花、果期5~10月。品种有罗氏黑藻，果表面无刺，不同于原变种，外形和造景功能同黑藻。

适应地区

原产于我国黑龙江、河北、陕西、山东、江苏、安徽、浙江、江西、福建、台湾、河南、广东、海南、广西、四川、贵州、云南等地。广泛分布于欧亚大陆热带至温带地区。生于淡水中。

生物特性

环境荫蔽植株生长受阻，新叶叶色变淡，老叶逐渐死亡。喜阳光充足的环境，最好让它每天接受2~3小时的散射日光。喜温暖，耐寒，在15~30℃的温度范围内生长良好，越冬温度不低于4℃。

繁殖栽培

有性繁殖和无性繁殖。有性繁殖，春季播种于营养土中，加水高出土面3~5cm，保温保湿，待发芽齐全后，生长健壮时即可移栽定植。无性繁殖，将水中的植株剪成6~8cm长的茎段进行扦插，生根后可移栽。在黑藻的生长期内，要及时清除杂草和异物，保持

黑藻景观

* 园林造景功能相近的植物 *

中文名	学名	形态特征	园林应用	适应地区
软骨草	*Lagarosiphon alternifolia*	茎纤细，多分枝。叶线形，互生，长 0.5~5cm，宽 1~3mm。花小，花单生，雌雄异株	同黑藻	同黑藻
水蕴草	*Egeria densa*	营养体外形近似黑藻，但花大且明显，具长柄挺出水面，无腋生小鳞片，开花时景观效果好	同黑藻	我国台湾和华南地区

水的清澈，增加水中的光照，同时还要追肥1~2 次，促进植株的生长，使株形美观，提高其观赏效果。由于黑藻繁殖速度较快，要定期清理部分植株。

软骨草

景观特征

株形美观，叶深绿发黑，在粗放管理条件下依然长势旺盛，绿意盎然。在浅水水体容易形成水下地被，颜色深、暗，能营造神秘、宁静的景观效果。

园林应用

适宜浅水绿化、室内水体绿化，做水下植被。可盆栽、缸栽，是装饰水族箱的良好材料，常作为中景、背景使用。为良好的沉水观赏植物。

水蕴草景观

水蕴草的花

水蕴草景观

狐尾藻

别名：狐尾草
科属名：小二仙草科狐尾藻属
学名：*Myriophyllum verticillatum*

形态特征

多年生沉水或挺水草本，高 30~100cm。雌雄同株。茎粗壮，具分枝，分枝很长。叶二型；沉水叶羽状复叶轮生，每株 4~5 片；小叶线形，长 6~8mm，黄绿色；挺水叶轮生，坚韧，深绿色。穗状花序腋生，长 4~12cm；小花 3~6 朵，簇生，黄色；雄花生于气生茎的下部叶腋，花瓣缺，柱头 4 枚，子房下位，4 室；萼片 4 枚，长 1.5mm，绿色，基部联合。分果球形，直径 2.5~3mm，褐色。花期 5~9 月。狐尾藻梗有红绿之分，故有红梗狐尾藻和绿梗狐尾藻，一般红梗狐尾藻生命力较强。

适应地区

广泛分布于世界各地，我国南北部均有分布。

生物特性

喜无日光直射的明亮之处，也可让它每天接受 2~3 小时的散射日光。喜温暖，较耐低温，在 16~26℃的温度范围内生长较好，越冬温度不宜低于 4℃。

繁殖栽培

以扦插繁殖为主，多在每年 4~8 月进行。也可采用分株法进行育苗，但所获新株的长势较差。对水质要求不严，可在硬度较低的微酸至微碱性淡水中进行栽培。其对肥料需求量较多，生长旺盛阶段可每周追肥 1 次。

景观特征

狐尾藻株丛繁茂，易于分枝；叶片密集，色调柔美，用于室内水体绿化，能够给环境带来异样的朦胧美感。

狐尾藻景观

园林应用

园林水体造景效果同黄花狸藻，但挺出水面的是条形、白色的穗状花序。也适合于室内水体绿化，是装饰玻璃容器的良好材料。在水族箱栽培时，常作中景、背景草使用。也常用于布置庭园水景，尤其是处理池塘驳岸，具有较好的观赏效果。

狐尾藻枝条

狐尾藻植株

狐尾藻景观

狐尾藻景观

狐尾藻景观

✳ 园林造景功能相近的植物 ✳

中文名	学名	形态特征	园林应用	适应地区
穗状狐尾藻	*Myriophyllum spicatum*	沉水草本，高 1~2m。茎棕红色至浅粉色、紫色	长势强，易管理	同狐尾藻

133

水盾草

科属名：莼菜科水盾草属
学名：*Cabomba caroliniana*

形态特征

多年生草本。茎长可达 1.5m，分枝，幼嫩部分有短柔毛。沉水叶对生，叶柄长 1~3cm，叶片长 2.5~3.8cm，掌状分裂，裂片 3~4 次，二叉分裂成线形小裂片；浮水叶少数，在花枝顶端互生，叶片盾状着生，狭椭圆形，长 1~1.6cm，宽 1.5~2.5mm，边全缘或基部 2 浅裂，叶柄长 1~2.5cm。花单生于枝上部的沉水叶或浮水叶腋；花梗长 1~1.5cm，被短柔毛；萼片浅绿色，无毛，椭圆形，长 7~8mm，宽约 3mm；花瓣绿白色，与萼片近等长或稍大，基部具爪，近基部具一对黄色腺体；雄蕊 6 枚，离生，花丝长约 2mm，花药长 1.5mm，无毛；心皮 3 枚，离生，雌蕊长 3.5mm，被微柔毛，子房 1 室，通常具 3 颗胚珠。花期 7~10 月。

水盾草景观局部

适应地区

原产于北美洲，现浙江、江苏一带有引种。

生物特性

喜光线充足的环境。喜温暖，怕寒冷。

繁殖栽培

水盾草的繁殖能力十分惊人，每一个节位在适宜的条件下均能发育成完整的植株。多以扦插繁殖为主，生长迅速。对水质要求不严，对肥料的需求量中等，生长旺盛阶段可每隔 1~2 周追肥一次。喜光，但过多易滋生青苔。在 12~25℃的温度范围内生长良好，越冬温度不宜低于 4℃。随着植株的生长，应适时进行修剪，以保证更好的株形。

景观特征

株形秀美，叶色浓绿，将其成簇栽种，给水体带来一片青翠，为环境增添柔美色彩。

园林应用

适合大型水体绿化，也是装饰玻璃容器的良好材料。水盾草由于在自然水体中能够迅速繁殖，甚至堵塞河道，因此常被看作是有害的水生植物。

水盾草景观

菹草

别名：虾藻、马藻
科属名：眼子菜科眼子菜属
学名：*Potamogeton crispus*

菹草花序 ▷

形态特征

多年生沉水草本，高 1~3m。茎稍粗，厚 1~
2mm，多分枝。单叶互生，无柄，线状长椭圆
形至线状倒披针形，长 3~8cm，宽 4~10mm，
先端圆钝，缘波状，平行叶脉 3~5 条，黄绿
色至淡绿色，叶脉棕红色；基部托叶合生，
早落。花梗长 2~7cm；穗状花序圆柱状；小
花白色，花被片 4 片，雄蕊 4 枚。果实核果
状，棕色，有肉质外果皮。花期 4~8 月。

适应地区

广泛分布于世界各地，我国南北部均有分布，
生长于各种水生环境，如池塘、河流、沟渠
和水田等。

菹草景观

生物特性

芽殖体越夏、幼苗越冬。喜肥，喜光照充足
的环境。在 12~28℃的温度范围生长良好，
越冬温度不宜低于 0℃。

菹草景观

繁殖栽培

以扦插繁殖为主，多在每年 4~8 月进行。以
10~12cm 的茎尖做插穗，新株生长迅速，容
易成型。也可分株繁殖。栽培水体硬度不宜
过高，并保持一定的流动性。喜肥，生长旺
盛阶段可每周追肥一次。喜阳光充足的环境，
但阳光过多，植株易长青苔；光照不足时，
新叶容易发黄，老叶逐渐腐烂死亡。不易患
病，但会有螺害。

景观特征

菹草柔茎修长，碧叶映水，在流动的水体中
效果很好，随波荡漾的身姿更显妩媚，能够
给寂静的水底增加动感。

园林应用

为多年生植物，其发苗迅速，成形很快，易
于管理。菹草生长旺盛，成丛成片大面积分
布，是水体水面造景的良好材料。

其他主要沉水型植物

中文名	别名	学名	科名	形态特征	生物特征	园林应用	适应地区
罗贝力		*Lobelia cardinalis*	半边莲科	叶表面呈暗绿色，叶背呈紫色，卵圆形，叶脉不明显；叶柄乳白色	在20~30℃之间最适宜生长	应用于水族箱作中景、后景布置	水族箱适用
大菊花草		*Cabomba aquatca-magnus*	莼菜科	叶绿色，呈掌状分裂成许多毛发状的裂片，叶轮生	喜温暖和光照充足的环境	应用于水族箱作后景布置。株形美丽，叶片青翠碧绿，似一朵朵盛开的菊花	水族箱适用
金鱼藻	松针草	*Ceratophyllum demersum*	金鱼藻科	茎分枝。叶轮生，每节6~8片，质极硬，1~4回分叉，末级分叉，上有2排微齿，每裂片尖端有2根刺毛	对水体环境适应性很强，生长迅速	应用于水族箱作中景、后景布置	水族箱适用
苏奴草		*Saururus cernuus*	三白草科	叶片亮绿色，卵形，边缘无明显的锯齿，叶脉伸至叶尖，互生	喜温暖和光照充足的环境	应用于水族箱作中景、后景布置	水族箱适用
水筛		*Blyxa japonica*	水鳖科	茎直立，分枝。叶螺旋状排列，狭披针形，基部半抱茎，边缘有锯齿，中脉明显，无叶柄。佛焰苞腋生，花白色，线形	喜温暖和光照充足的环境	叶片柔软而飘逸，叶色绿中带紫，显得雅致清纯	各地有分布

中文名	别名	学名	科名	形态特征	生物特征	园林应用	适应地区
宝塔草		*Limnophila aquatica*	玄参科	叶绿色，呈羽状分裂，叶轮生，整个植株宝塔状	对水体环境适应性很强	应用于水族箱作中景、后景布置	水族箱适用
大宝塔草		*L. aquaticagrandi*	玄参科	叶呈条裂、羽状或复羽状，具毛发状裂片、轮生	在充足的光照下生长茂盛	适宜与其他水生花卉植物配置，使人感到美丽大方	各地有分布
小宝塔草		*L. aquaticaminime*	玄参科	叶片呈羽状分裂，叶片常轮生，有时对生，叶片亮绿	耐阴性强，有明亮散射光线植株就能正常生长；喜温暖	应用于水族箱作中景、后景布置	各地有分布
皇冠草		*Echinodorus amazonicus*	泽泻科	叶片呈淡绿色，长披针形，有3条脉从叶基伸至叶尖，中脉两侧脉不明显	喜温暖，能耐寒，要求较明亮的散射光	应用于水族箱作中景、后景布置	各地有分布
宽叶皇冠		*E. brevipedicellatus*	泽泻科	叶片呈披针形，叶质较硬，叶缘稍具波状。水中叶呈淡绿色，并呈放射状展开	对水中环境适应性较强，在充足的光照和肥料条件下，植株生长良好	应用于水族箱作中景、后景布置	各地有分布

第六章 岸边湿地植物造景

 ## 造景功能

这类植物种类繁多，在水体景观营造中的作用越来越受重视。与挺水植物一样，该类植物能增强水体景观的立体效果，同时能够美化和柔化水体边界。岸边湿地植物景观与水体景观是融为一体的，二者相互配合、相得益彰，因此在园林水体植物景观营造中，必须考虑水体、水体内植物和岸边植物的关系，合理配置方能营造出良好的景观效果。

毛茛

科属名：毛茛科毛茛属
学名：*Ranunculus japonicus*

毛茛花特写 ▷

形态特征

多年生湿生草本，高 30~60cm。须根发达成束状。根茎短；茎直立，单一或上部分枝，与叶柄均有伸展的柔毛。花序具数朵花；花瓣 5 枚，黄色，有光泽。聚合果近球形。花、果期 4~10 月。

适应地区

分布于我国华南至东北地区。

生物特性

湿地水生植物，适应性广，生长适温为 10~30℃，要求全日照或半日照。华南地区冬、春季生长发育开花，寒冷地区冬季枯萎越冬。

繁殖栽培

常用种子繁殖，也可采用无性繁殖。植株比较矮小，长势中等，生长期间注意肥水供应，同时控制杂草。

毛茛景观

毛茛景观

景观特征

植株丛生，叶片五角形，叶色鲜绿到黄绿，花黄色，群体效果和单株观赏性能均好。

园林应用

常作水沟、水渠边绿化，成片配置于湿地或水边，景观效果好。孤植点缀则是师法自然，营造自然野趣的景观。

✳ 园林造景功能相近的植物 ✳

中文名	学名	形态特征	园林应用	适应地区
匍枝毛茛	*Ranunculus repens*	基生叶上具长柄，叶为三出复叶，小叶 3 全裂或深裂	同毛茛	西北、东北地区
圆叶碱毛茛	*R. cymbalaria*	株高仅 7~12cm，叶全部基生，具长柄，叶形变化多，近圆形、肾形或圆状卵形	同毛茛	西南、西北、华北、东北地区
黄戴戴	*R. ruthenicus*	节上生根成植株，叶片卵形或卵状椭圆形	同毛茛	河北、新疆、内蒙古、辽宁等地
石龙芮	*R. sceleratus*	茎直立，中空，基生叶和下部叶具长柄，叶片宽卵形	同毛茛	南北各地

蓼属植物

科属名：蓼科蓼属
学名：*Polygonum* spp.

东方蓼花枝特写

形态特征

一年生或多年草本。茎直立，多分枝或少分枝。单叶、互生，形态多样，叶边全缘，具短柄；托叶鞘筒状，膜质，紫褐色。头状花序或穗状花序顶生或腋生。瘦果，包在宿存的萼片内。花、果期 7~11 月。

适应地区

分布于我国各地。欧洲、北美洲和朝鲜、日本、印度尼西亚、印度也有分布。生长于溪边、河边浅水区潮湿的环境中。

生物特性

蓼属植物喜生于浅水中或岸边湿地，在岸边也能很好生长。适应性依据不同种类有一定差异。

繁殖栽培

种子繁殖，于秋季采收种子，经贮藏，在翌年的春季 3~4 月进行播种。保持湿润，待苗长出挺水茎后即可移栽定植。在适合环境

香蓼花枝特写

条件下可自行繁衍。植株生长过快，有时会破坏景观的自然效果，因此要根据植株的生长需要进行施肥。栽培地保持通风良好。夏秋季高温时节，每周应除草一次。当植株生长过密时，应该对徒长枝短截，并剪去基部黄叶。

景观特征

长势强，易养好管，将其随意栽种于池塘边、小溪边，不久就能展示一道朴实无华的独特景观。

园林应用

适合露地栽种，能够较好地适应池塘边缘水位的变化，主要用于园林水景与陆地交接处湿地的绿化。

香蓼株形

中文名	学名	形态特征	园林应用	适应地区
东方蓼	Polygonum orientale	直立，多分枝，有节。叶大，有柄，互生。花序顶生或腋生，穗大艳丽，粉红色	花穗大，粉红色的花序十分惹人喜爱，是美化庭院湿地的观赏植物	分布于我国各地，适应性强
两栖蓼	P. amphibium	可浮叶状水生或岸边湿地生长，叶长圆形，顶端钝或微尖，基部通常为心形，具长柄	叶大、花穗大，粉红色花序惹人喜爱，是园林水景颇佳的观赏植物	分布于我国各地，适应性强
水蓼	P. hydropiper	植株小型，高20~40cm。叶宽0.3~1cm。叶状佛焰苞与肉穗花序近等长	湿地绿化	分布于我国各地，适应性强
密毛酸模叶蓼	P. lapathifolium	植株高50~70cm。叶披针形，渐尖，长8~12cm，宽4~6cm，叶背密被银色长伏毛	应用于岸边湿地和浅水区，成片配置效果好	长江流域野生和绿化应用
羊蹄酸模	Rumex japonicus	植株中型。叶基生，长圆状披针形。圆锥花序	岸边湿地绿化，列植、孤植效果均好	南北各地

羊蹄酸模植株特写

羊蹄酸模与石头一起点缀于溪边

羊蹄酸模景观适应性强

两栖蓼叶形

水蓼景观局部

密毛酸模叶蓼特写

密毛酸模叶蓼景观局部

空心莲子草

别名：水花生
科属名：苋科莲子草属
学名：*Alternanthera philoxeroides*

形态特征

一年生挺水草本。茎高 20~60cm，斜上或匍匐，多分枝。叶对生，倒卵状椭圆形至线状披针形，长 1~8cm，宽 2~20mm，先端钝或短尖，基部楔形，全缘，无柄或具短柄。头状花序 1 个，腋生，总梗长 1~3cm。胞果倒心形。种子扁圆形，有小凹点。花、果期 5~10 月。

莲子草叶特写

适应地区

分布于我国华南、华东及华中地区，集中分布于长江流域的池沼、水沟边、稻田和潮湿地区。

生物特性

喜高温、高湿和阳光充足的环境。适应性强，耐寒。生长适温为 20~35℃，低于 10℃时植株停止生长。

繁殖栽培

多以无性繁殖为主。扦插的方法是将植株剪成 8~12cm 长的扦穗，插于苗床，约 20 天左右生根，株行距 30cm 左右。在生长期内要及时清除杂草，施肥 2~3 次。夏季茎叶生长过密时，可适当剪取部分茎叶，保持株形美观。

空心莲子草景观

✻ 园林造景功能相近的植物 ✻

中文名	学名	形态特征	园林应用	适应地区
红莲子草	*Alternanthera paronychioides*	茎圆柱形，紫红色。叶紫红色，叶腋内有腋芽	景观迷人，观赏效果佳	同空心莲子草
莲子草	*A. sessilis*	近似于空心莲子草，不同在于腋生头状花序 1~4 短柄，雄蕊 3 枚	同空心莲子草	全国各地

景观特征

匍匐藤本状草本植物，其景观效果体现在群体上。在湿地作地被布置，随着植株的生长，地被越来越高，展现生机勃勃的景象。在大型水体边缘种植，形成水上植被，茎蔓不断向水体中心伸延，很是美观。

园林应用

植株长势旺盛，适应性强，是园林水景和湿生绿地中最常见的绿色材料。常用于水际边缘做镶边材料，也可用于盆栽摆放在庭园和室内，或者用于水族箱中做后景。

空心莲子草景观

空心莲子草景观

串钱柳

别名：垂枝红千层、红瓶刷子树
科属名：桃金娘科红千层属
学名：*Callistemon viminalis*

串钱柳花序 ▷

形态特征

常绿灌木或小乔木，高5~10m。树皮灰褐色，纵裂。枝条细长柔软，下垂如垂柳状，幼枝具毛。叶互生，革质，披针形或狭线形，两端渐尖，具短柄，有香气。花单生，在幼枝顶端形成穗状花序。花期春至秋季。花丝甚长，围成一圈圈的长串花朵，酷似红色的奶瓶刷，又称为红瓶刷子树。

适应地区

原产于澳大利亚，目前我国南部热带地区有栽培。

生物特性

喜光，能耐阴，有一定的耐湿能力，对土壤要求不严。抗污染性中等，肥料需求量中等。

繁殖栽培

以播种繁殖为主，也可扦插繁殖。播种繁殖，大约播后10天发芽，当苗高至3cm时即可移栽。扦插繁殖宜在6~8月进行，插穗采用

串钱柳果枝

半成熟枝条。为增加开花数量和保持株形优美，及时修剪是一项非常重要的管理措施。

景观特征

每年3月进入开花期，每棵树上绽放数百朵红色花朵，好像一支支红色的奶瓶刷挂在树上。柔软的枝条迎风摇曳，婀娜多姿，鲜红的花瓣衬托绿叶，美艳醒目。

园林应用

细枝倒垂如柳，花形奇特，适合做行道树、园景树。在庭园、校园、公园、游乐区、庙宇等，均可单植、列植、群植美化。尤适宜于水池斜植，很美观。

串钱柳景观

串钱柳景

海南杜英

别名：水石榕
科属名：杜英科杜英属
学名：*Elaeocarpus hainanensis*

海南杜英花序 ▷

形态特征

常绿小乔木。树冠整齐成层。枝条无毛。叶聚生于枝顶，狭披针形或倒披针形，长 7~15cm，宽 1.4~2.8cm，边缘密生浅小牙齿。总状花序腋生，比叶短；花大，倒垂，白色，芳香。核果纺锤形，无毛。

适应地区

原产于我国海南、广西、云南以及越南。生于丘陵或山地谷中。

生物特性

喜半阴，喜高温、多湿的气候，深根性，抗风力较强，不耐积水，须植于湿润而排水良好之地。土质以肥沃和富含有机质壤土为佳。

繁殖栽培

播种繁殖，种子采后即播，可提高发芽率。移栽宜在秋初或晚春进行，小苗需带宿土，大苗需带土球。该树种适宜水边种植，但不耐长期积水，养护时注意水位和土壤的通透性。

海南杜英花蕾

景观特征

树冠整齐，枝叶浓密，为优良的庭园观赏树种，适宜丛植或片植，宜做树丛的常绿基调树种和花木的背景树，如列植成绿墙，有隐蔽、遮挡作用。

园林应用

分枝多而密，形成圆锥形的树冠。花期长，花冠洁白淡雅，为常见的木本花卉，适宜做庭园风景树。

海南杜英景观

海南杜英景观

水蒲桃

别名：水石榴
科属名：桃金娘科蒲桃属
学名：*Syzygium jambos*

形态特征

常绿乔木，高可达 10m。树冠球形。小枝压扁状，近四棱形。单叶，具短柄，革质，表面有光泽，披针形至长圆状披针形，顶端渐尖，基部楔形，叶背侧脉明显，全缘。伞房花序顶生，花绿白色，常数朵聚生；萼倒圆锥形，4 裂片；雄蕊多数，比花瓣长。果圆球状或卵形，径 2.5~4cm，淡黄绿色，内有种子 1~2 颗。花期 3~5 月，果熟期 6~9 月。

适应地区

我国云南、广西、广东、福建等省区有栽培。

生物特性

喜暖热气候，属于热带树种。喜温暖、湿润、阳光充足的环境和肥沃、疏松的砂质壤土，喜生于水边。

繁殖栽培

用播种繁殖，即采即播，床土要疏松，播后注意保湿。2 周左右萌芽，发芽率常达 90%

以上。幼苗长到 10cm 高时应及时间苗，苗高 2~2.5m 时可出圃。比较粗放，平时注意虫害防治；常见虫害有木虱、栗黄枯叶蛾、柑橘全爪螨。

景观特征

树冠丰满浓郁，花、叶、果均可观赏，可作庭阴树和固堤、防风树用。

园林应用

水蒲桃分枝多而低，叶密集而浓绿，冠幅大，广伞形。可做湖旁、溪边和草坪旷地的风景绿化树，也是南方水乡理想的固堤树种。

水蒲桃景观

水蒲桃花

水蒲桃景观

洋蒲桃的果

水翁的花序

水翁景观

＊ 园林造景功能相近的植物 ＊

中文名	学名	形态特征	园林应用	适应地区
水翁	*Gleistocalyx operculatus*	乔木，高 10~15m。叶对生。圆锥花序	同水蒲桃	华南地区
洋蒲桃	*Syzygium samaragense*	乔木，高 8~12m。叶对生，长圆状披针形。花白色。果梨形，成熟时粉红色至鲜红色	同水蒲桃	南方地区

垂柳

科属名：杨柳科柳属
学名：*Salix babylonica*

形态特征

乔木，高达18m。树冠广卵形。小枝细长下垂。叶狭披针形至线状披针形，先端渐长尖，表面绿色，背面蓝灰绿色。蒴果黄褐色，长3~4mm。花期4月。品种有金枝柳（cv. Jinzhiliu），枝条金黄色，美丽。

适应地区

主要分布于长江流域及其以南各省区平原地区，是水边常见树种。

生物特性

喜光，喜温暖、湿润的气候及潮湿、深厚的酸性及中性土壤。较耐寒，也能生长于土层深厚的干燥地区。萌芽力强，根系发达，生长迅速。

繁殖栽培

以扦插为主，也可种子繁殖。扦插于早春进行，选择生长快、无病虫害、姿态优美的雄株做采穗母株，剪取2~3年生粗壮枝条，截成15cm长，扦插后保持土壤湿润，成活率高。垂柳主要有光肩星天牛危害树干，被害严重时易受风折或枯死。此外，还有星天牛、柳毒蛾、柳叶甲等害虫，应注意及时防治。

景观特征

垂柳枝条细长，柔软下垂，姿态优美潇洒，植于河岸及池边最为理想，别有风致。

垂柳株形

垂柳水边造景

＊园林造景功能相近的植物＊

中文名	学名	形态特征	园林应用	适应地区
河柳	*Salix chaenomeloides*	叶较宽，长椭圆形，叶缘具有内弯腺齿；叶柄顶端具腺体	同垂柳	同垂柳

垂柳根系伸展于水体中，红白相间自成一景 ▷

垂柳枝条和花序

垂柳景观

河柳景观

河柳花序

园林应用

垂柳自古就是重要的庭园观赏树种，可用做行道树、庭阴树、固岸护堤及平原造林树种。此外，垂柳对有毒气体抗性较强，并能吸收二氧化硫，故也适用于工厂区绿化。

枫杨

科属名：胡桃科枫杨属
学名：*Pterocarya stenoptera*

形态特征

乔木，高达 30m。枝具片状髓；裸芽密被褐色毛，下有叠生无柄潜芽。羽状复叶的叶轴有翼，小叶 9~23 片，长椭圆形，长 5~10cm，缘有细锯齿，顶生小叶有时不发育。果序下垂，长 20~30cm；坚果近球形，具 2 个长圆形或长圆状披针形的果翅，长 2~3cm，斜展。花期 4~5 月，果熟期 8~9 月。

适应地区

广泛分布于华北、华中、华南和西南地区，在长江流域和淮河流域最为常见。

生物特性

喜光，喜温暖、湿润的气候，也较耐寒，耐湿性强，但不宜长期积水。对土壤要求不严，在酸性至微碱性土上均可生长。深根性，主根明显，侧根发达；萌芽力强。枫杨一般初期生长较慢，3~4 年后加快。

繁殖栽培

种子繁殖，9 月果成熟后采下晒干、去杂后干藏至翌年 3 月下旬或 4 月上旬即可播种。发枝力强，应注意修去侧枝。修剪后主干上的休眠芽容易萌芽，要及时抹掉。枫杨有丛

枫杨景观

枫杨春景

枫杨枝叶

枝病、天牛、刺蛾、介壳虫等危害，要注意及早防治。

景观特征

树冠宽广，枝叶茂密，生长快，适应性强，在江淮流域多栽为遮阴树及行道树，但生长季节后期不断落叶，清扫麻烦。

园林应用

因枫杨根系发达，较耐水湿，常做水边护岸固堤及防风林树种。此外，对烟尘和二氧化硫等有毒气体有一定的抗性，也适合用于工厂环境绿化。

枫杨果特写

中文名	学名	形态特征	园林应用	适应地区
湖北枫杨	*Pterocarya hupehensis*	奇数羽状复叶，叶轴无翅。小坚果翅半圆形，两侧直展	同枫杨	华中、西南、西北地区
赤杨	*Alnus japonica*	单叶，叶长椭圆形至长椭圆状披针形，缘具细尖单锯齿，背脉隆起并有腺点	同枫杨	东北地区

枫杨造景

枫杨景观

枫杨景观

153

香菇草

别名：南美天胡荽
科属名：伞形科天胡荽属
学名：*Hydrocotyle vulgaris*

香菇草叶形 ▷

形态特征

多年生挺水或湿生观赏植物。植株具有蔓生性，株高 5~15cm，节上常生根。茎顶端呈褐色。叶互生，圆盾形，直径 2~4cm，叶缘波状，叶草绿色，叶面富有光泽，叶脉 15~20 条，放射状；叶具长柄。花两性，伞形花序，小花白色。果为分果。花期 6~8 月。

适应地区

分布于欧洲、北美南部及中美洲地区。

生物特性

喜光照充足的环境，如环境荫蔽，植株生长不良。喜温暖，怕寒冷，在 10~25℃的温度范围内生长良好，越冬温度不宜低于 5℃。

繁殖栽培

多利用匍匐茎扦插繁殖，多在每年 3~5 月进行，易成活。也可以播种繁殖。对水质要求不严，水体 pH 值为 6.5~7.0，水温为 20~25℃。其对肥料的需求量较多，生长旺盛阶段，每隔 2~3 周追肥一次。旺盛生长期注意疏剪株丛，通风透气，以防叶黄。

景观特征

株形美观，叶色青翠，特别是圆形的盾叶，不仅颇具特色，而且十分耐看，与其他热带水草配植更能展示出其独特的魅力。

园林应用

生长迅速，成形较快。常用于水体岸边丛植、片植，是庭院水景造景，尤其是景观细部设计的好材料，可用于室内水体绿化或水族箱前景栽培。

香菇草花序

香菇草景观

香菇草盆栽装饰

蕹菜

别名：空心菜
科属名：旋花科番薯属
学名：*Ipomoea aquatica*

细叶型蕹菜株形 ▷

形态特征

湿生蔓状浮水草本。全株光滑无毛。茎中空，节上生有不定根，匍匐于污泥上或浮于水上。叶互生，长圆状卵形或长三角形，具长柄。花、果期 8~11 月。生长于水中的品种，叶大茎粗，名水蕹；生长于旱地的品种，叶小茎细，名旱蕹。

适应地区

我国长江流域以南各地广泛栽培，生于水田或河沟水面的环境中。

生物特性

喜温暖、水湿和阳光充足的环境。不耐寒，稍耐干旱，耐半阴。生长适温为 15~30℃。

繁殖栽培

播种繁殖在清明节前后播种，约 20 天开始发芽生根，在苗生长健壮时，可移栽定植。无性繁殖，可在生长期内将带有节的、长 10cm 左右的茎段进行扦插育苗，成条状栽植，多在夏季进行。生长季节保持土壤湿润，水深 5~8 cm，要及时清除杂草，并施肥 2~3 次。

景观特征

全株光滑无毛，青翠，夏日开白色、粉红色或紫红色的喇叭花，极像牵牛花。花、叶俱美，繁殖容易，现今广泛用于庭园水景点缀和盆栽观赏。一般配置于水边，茎蔓向水体中央快速推进，与莲子草等节间短、叶密集的种类效果不同，蕹菜的推进更有气势。

园林应用

用于庭园水池配置，可集中形成一个小群落，无论与块石还是草地相伴，均显得清新、优雅，带有浓郁的乡土气息。在现代建筑的小楼前，可采用长形金属水槽栽培，青翠宜人，可以起到意想不到的效果。

大叶型蕹菜景观

细叶型蕹菜游走于水面的茎蔓

艳山姜

科属名：姜科山姜属
学名：*Alpinia zerumbet*

形态特征

多年生常绿草本，高 2~3m。根状茎横走，地上茎不分枝，密集丛生。叶大型，革质，矩圆状披针形，叶背及边缘有短柔毛；有短柄，叶鞘抱茎。圆锥花序似总状花序，顶生，下垂；苞片白色，边缘黄色，顶端及基部粉红色；花萼近钟形；花冠白色。花期 6~7 月。品种有花叶艳山姜（cv. Variegatum），表面淡绿色，有黄色条纹。

适应地区

常见于华南地区，华中地区（如武汉）有少量种植。

生物特性

喜高温、高湿的环境，喜明亮的光照，但也耐半阴。生长适温为 15~30℃，越冬温度为 5℃左右。在疏松、排水良好的肥沃壤土中生长较好。

繁殖栽培

分株繁殖，可在春、夏间挖掘带有地下块茎的植株，剪去地上茎叶，保留茎长的 1/3，种植于露地。也可于生长季结合换盆，将其分切为数丛，每丛含 3~4 枝；分栽后置于半阴处养护，待恢复生长后按常规方法管理。种植时加少量腐熟基肥，生长季每月施一次

艳山姜植株

富含磷钾肥的液肥，同时注意经常保持较高的环境湿度，以利叶片鲜艳亮泽；冬季保持相对干燥。其喜明亮的光线，春初至夏初可多接受日照，但盛夏宜稍遮阴，这样叶片上的斑纹更加美丽。

景观特征

叶色艳丽，十分迷人，花姿优美，花香清纯，是很有观赏价值的观叶观花植物。植株高大，密集成丛，有热带情调。

园林应用

6~7 月开花，花姿雅致，花香诱人，盆栽适宜于厅堂、窗台、楼梯旁陈设，室外栽培点缀庭院、池畔或墙角处，翠绿光润，别具一格。

＊园林造景功能相近的植物＊

中文名	学名	形态特征	园林应用	适应地区
花叶山姜	*Alpinia pumila*	植株矮小。叶 1~3 片，侧脉与侧脉之间不同色。花红色	同艳山姜	热带、亚热带地区
斑叶山姜	*A. sanderae*	株高 1m 左右，长 25cm，灰绿色。从中脉两侧散满白色斑纹	同艳山姜	热带、亚热带地区

花叶艳山姜花序

花叶艳山姜叶特写

花叶艳山姜景观

花叶艳山姜景观

花叶艳山姜景观

姜花

别名：蝴蝶花
科属名：姜科姜花属
学名：*Hedychium coronarium*

姜花花特写 ▷

形态特征

多年生挺水草本。具根状茎，地上茎直立。叶无柄，矩圆状披针形，先端渐尖，背面被短柔毛。穗状花序顶生，长20cm；苞片绿色，卵圆形，内有2~3朵花，白色，形似蝴蝶，基部有黄色斑点，有香味。花期6~7月。

适应地区

原产于我国华南、西南各省区。

生物特性

喜温暖、水湿的环境，畏霜冻，在池塘微酸性、肥沃的泥土中生长良好。生长适温为15~25℃，冬季能耐0℃低温。

繁殖栽培

常用分株繁殖，春季将地下根切开，每段带顶芽1~2个，分别栽种，不需立即浇水，保持湿润即可，待根茎萌发新芽后再浇水，以免过湿引起根茎腐烂。栽种时，先在池塘种植处施足基肥，将植株栽下后进入生长期时，再施1~2次稀薄氮肥，促其生长旺盛。夏季花期应适当遮阴，可延长观花期。

姜花点缀于大型水体中，别有一番景

景观特征

株形健壮，花形美丽，花色淡雅，香气浓郁，盛开时宛如群蝶纷飞，散发出阵阵香气，颇具自然之美。

园林应用

姜花是花、叶俱美的湿生观赏植物。其高挑的茎秆、洁白的花朵，让人观后流连忘返。由于姜花适合荫蔽而潮湿的立地条件，可将它布置在溪边、水池边，使景观更充满浪漫和野趣，热带情调浓郁。

姜花花苞

姜花景

美人蕉

别名：水生美人蕉、红艳蕉
科属名：美人蕉科美人蕉属
学名：*Canna generalis*

美人蕉花序 ▷

形态特征

株高 70~160cm，具根状块茎。叶片呈阔椭圆形，互生，长 10~30cm，宽 8~15cm，先端短渐尖。总状花序顶生，常被蜡质白粉，每朵花具 1 片长约 1.2cm 的卵形苞片；萼片 3 枚，披针形，淡绿色；花冠管状，3 裂，绿色或红色；雄蕊 5 枚，花瓣状鲜红色、黄色、乳黄色、杂色；花茎 10~20cm，具 4 枚瓣化雄蕊，盛开时期花多叶少，花色有红、粉红、白、黄及杂色，花期 5~10 月。蒴果绿色，长卵形。品种有金脉大花美人蕉（cv. Striatus），叶淡黄色，沿叶脉方向有金黄色条纹，十分美观；大花美人蕉，花色丰富，有红、橙、黄等色，花瓣上有纯色或斑点等类型。

适应地区

原产于美洲热带和亚洲亚热带地区。

生物特性

喜温暖、水湿及阳光充足的环境，对炎夏的高温适应性强，但不耐寒。在全年气温高于 16℃的环境下，可终年生长开花。在温度低于 16℃时生长缓慢甚至休眠。

美人蕉湿地景观

美人蕉大棚种植

繁殖栽培

以分株繁殖为主，多在每年 3~4 月进行。也可采用播种法进行育苗。美人蕉有时会出现叶边枯焦及发黄的病状，主要是因施硫酸亚铁过多或遭受烈日曝晒所致。在炎热的夏季，若浇了太凉的水也会造成叶边枯焦，如在盛暑时施肥过浓，更会出现烧灼根茎使其"烧死"。霜降前后，可把美人蕉移至温度 5~10℃环境即可安全越冬，越冬期间，停止施肥。当茎端花落后，应随时将其茎枝从基部剪去。

景观特征

美人蕉茎叶茂盛，叶片肥大，花朵俊美，花色丰富、艳丽，花期长，具有很高的观赏价值。它在粗放的管理条件下即可茁壮成长，将其配植在湖边池畔，能够给那里的环境增添一幅瑰丽的画面。

园林应用

可露地栽培，装点湖边池畔。根系发达，吸收能力强，可做人工湿地植物，用于净化城市污水，效果颇佳。

春羽

别名：羽裂喜林芋
科属名：天南星科喜林芋属
学名：*Philodendron sellosum*

形态特征

多年生常绿植物。茎短，节密集，老株茎如树干状，苍老，节上长出粗大气生根。叶聚生于茎顶，叶片巨大，可达 60cm 以上，近掌形，呈粗大的羽状深裂，有光泽，叶片排列紧密、整齐，呈丛状；叶柄坚挺而细长，可达 100cm。佛焰苞大型，质地厚，外面绿色，里面乳白色；肉穗花序粗大，白色。

适应地区

我国各地引种做室内观叶植物。

生物特性

喜高温、多湿的环境，对光线的要求不严格，不耐寒，耐阴暗，喜肥沃、疏松、排水良好的微酸性土壤。生长适温为 18~28℃，冬季温度不低于 8℃，短时间能耐 5℃低温，个别种类可耐 2℃。

繁殖栽培

常用播种和分株繁殖。播种繁殖，春、夏季采用盆播，最适发芽温度为 25~30℃，保持土壤湿润，成苗后移栽。分株繁殖，母株基部萌生分蘖，长出不定根时，将其上半部切下，另行栽植。栽植初期，应适当遮阴，并保持土壤湿润。夏季高温时每天向叶面喷水

春羽景观

1~2 次，以增加空气湿度。生长期每月施液肥一次。常见叶斑病和介壳虫危害，叶斑病用 50% 多菌灵 1000 倍液喷洒防治，介壳虫用 50% 氧化乐果乳油 1000 倍液喷杀。

❀ 园林造景功能相近的植物 ❀

中文名	学名	形态特征	园林应用	适应地区
小天使	*Philodendron* cv. *Xanada*	株高 20~40cm。茎短缩。叶丛生，叶片浅羽裂，长 20~30cm，宽 5~8cm	水边湿地、水景砌石等处阴地绿化	热带地区露地绿化，寒冷地区室内水景绿化
羽裂蔓绿绒	*P. bipinnatifidum*	植株高 30~60cm。茎短缩。叶丛生，叶片规则羽裂，长 30~40cm，宽 12~15cm	同小天使	同小天使

春羽花序 ▷

景观特征

叶片大而密集丛生，长椭圆形，羽状深裂，浓绿色，有光泽，叶形奇特优美。株形规整、优美，整休观赏效果好，具热带情调，耐阴性强。

园林应用

适宜水边湿地配置，丛植、片植和孤植均可。水边附石配置，效果也非常好。

春羽景观

春羽景观

小天使点缀于溪流中

海芋

科属名：天南星科海芋属
学名：*Alocasia macrorrhiza*

海芋的果 ▷

形态特征

多年生湿地草本植物。地下肉质根茎，地上茎粗壮，高达 2m。叶大，柄长，具有宽的叶鞘，叶片盾状着生，聚生于茎顶端，阔箭形，边缘有波状，主脉宽而明显，叶面深绿色。佛焰苞花序，佛焰苞黄绿色或带白色。假种皮红色。花、果期 6~9 月。品种斑叶海芋（cv. Variegata），其叶嵌有不规则乳白色和淡绿色斑块。

适应地区

分布于广东、海南、广西及云南南部等地。

生物特性

生长于热带雨林的溪谷、溪边及高温、高湿的环境中。对土壤要求不严格，在疏松、肥沃的土壤中生长良好。

繁殖栽培

以无性繁殖为主，常用分株或扦插的方法进行。分株繁殖，将植株茎部的萌蘖苗分切后

海芋植株

海芋景观

进行繁殖。扦插繁殖，选择粗壮的茎切成段，保留 3~4 个节，插入泥沙中，35 天左右即可生根。栽后常浇水，保持土壤湿润。生长旺盛期追肥 3~4 次。

景观特征

植株健壮，叶大色绿，为大型的观叶植物，在造景上非常有特色，热带气息浓郁，常作为水景的焦点。

园林应用

海芋植株叶大、翠绿、光亮、耐阴，长势强，适宜做水景岸边很好的观叶植物材料。在热带地区配置室外的水际边缘，可单株或多株丛植，其硕大多姿的叶丛异常壮观，呈现出强烈的热带风光。

海芋景观

文殊兰

别名：文珠兰
科属名：石蒜科文殊兰属
学名：*Crinum asiaticum*

文殊兰的果 ▷

形态特征

多年生常绿草本。鳞茎粗壮，圆柱形。茎粗大，肉质，高达1m，基部茎粗10~15cm。叶片条状披针形，长近1m，宽7~12cm，边缘波状，肥厚。顶生伞形花序，着生25~28朵，每花序有2片苞片，开花时苞片下垂；花瓣线形，白色，有香气。蒴果，近球形。种子大，绿色。盛花期7月。品种有斑叶文殊兰（*C. asiaticum* var. *japonicum* 'Variegatum''Silverstripe'）。

适应地区

我国海南及中国台湾等地有野生种。

生物特性

喜温暖、湿润的气候，略喜阴。耐盐碱，忌涝，宜排水良好、肥沃的土壤。不耐寒，温度不可低于5℃，冬季需要室内越冬。

文殊兰景观

文殊兰景观

繁殖栽培

繁殖以分株为主，也可播种繁殖。分株繁殖可在春季或秋季进行，以春季为好。将其吸芽分离母株，重新栽植，不宜过深。2~3年分株一次。生长期需肥水充足，特别是开花前后以及开花期更需要充足的肥水。夏季要及时补肥，花后及时剪去花梗。华南地区可露地越冬，北方则需进行越冬处理。

景观特征

植株美观，常年翠绿色，叶片长而宽，如罗裙带一般，叶柄为鞘状包茎形成假茎。花芳香馥郁，花色淡雅。

园林应用

常孤植于水体边缘或湿地，以示植株飘洒而稳重的气势。多株成丛种植，效果也好。

水杉

科属名：杉科水杉属
学名：*Metasequoia glytostroboides*

水杉枝叶特写 ▷

形态特征

落叶乔木。树冠幼年时为尖塔形，老年时则枝条展开呈椭圆形。树干基部常膨大。树皮灰褐色，浅纵裂，条形剥落。大枝不规则轮生，小枝对生，下垂。叶线形、扁平、柔软，交互对生，羽状，嫩绿色，入冬与小枝同时凋零。雌雄同株，雄球花单生于叶腋，雌球花单个或成对散生于枝上。球果近圆形，具长柄，下垂。花期3月，果期10~11月。

适应地区

原产于我国湖北利川等地，现广泛栽培于长江流域地区。

生物特性

喜光，较耐寒，不耐阴。喜温暖、湿润的气候，要求产地1月平均气温在1℃左右，最低气温为-8℃，年雨量为1500mm。适应性强，在土层深厚、湿润、肥沃、排水良好的河滩和山地黄壤土中生长旺盛。不耐干旱、瘠薄，也怕水涝。

繁殖栽培

用播种和扦插繁殖。水杉树龄25年以下结籽甚少，故多用扦插繁殖。硬枝和嫩枝均可扦插，成活率取决于插穗母树的树龄和插穗本身，经常保持湿润、通风，可促进插穗早日生根。水杉挖起后，应将苗根浸入水中，移栽易成活。移栽时小苗要多带宿土，大苗要带土球，施足底肥，栽后浇透水。

景观特征

树冠呈圆锥形，姿态优美，叶色秀丽，秋叶转棕褐色，均甚美观，宜在园林丛植、列植或孤植，也可成片种植。水杉生长迅速，是郊区、风景区绿化的重要树种。

园林应用

水杉是古代子遗植物，为国家重点保护植物之一。其树姿优美，叶色多变，是著名的庭园观赏树。它对二氧化硫有一定的抗性，是工厂绿化的好树种。

水杉景观

水杉景观

水松

别名：水石松、水绵
科属名：杉科水松属
学名：*Glytostrobus pensilis*

水松果枝

形态特征

落叶乔木，高一般为 8~10m。树干具扭纹，树冠圆锥形。生于湿生环境者干基膨大具圆棱，并有高达 70cm 的膝状呼吸根。枝较稀疏，大枝平伸或斜展，小枝绿色。叶互生，叶有 3 种类型：鳞形叶、条状钻形叶和条形叶。雌雄同株；球花单生于枝顶；雌球花卵状椭圆形。球果直立，倒卵状球形。种鳞木质，大小不等；种子椭圆形，微扁，具有一向下生长的长翅。花期 1~2 月，果 10~11 月成熟。

适应地区

主要分布于珠江三角洲、福建中部以南、广西灵山、云南东南、江西中部以及四川合江地区。长江以南地区多有栽培。

生物特性

为低海拔地区的热带和亚热带南部树种。喜光，喜温暖、湿润的气候和水湿环境。不耐低温和干旱。对土壤的适应性较强，除重碱土外，其他土壤都能生长，但最适宜生于中性或微酸碱性土壤。

繁殖栽培

用种子繁殖，发芽率达 85% 以上。在华南无霜地区宜当年采种即播，或翌年 2~3 月播种。水松自播的成活率较高，可移植利用。也用扦插繁殖，春季选用冬芽饱满的一年生枝，用生根粉处理，更利于生根。在长江流域一带栽植，通常不必修剪，但注意防寒越冬，以免受冻害。萌芽更新能力强，可按需要修剪树形。

景观特征

树形美丽，最适宜河边湖畔绿化应用，根系强大，可做防风护堤树。水松大枝平展，树冠呈卵形或倒卵形，春叶鲜绿色，入秋后转为红褐色，并有奇特的膝状根，故有较高的观赏价值。

园林应用

适用于暖地的园林绿化，最宜于低湿地成片造风景林，或用于固堤、护岸、防风。

水松景观　　　　水松景观

池杉

别名：池柏、沼杉
科属名：杉科落羽杉属
学名：*Taxodium ascendens*

形态特征

落叶乔木，在原产地高达 25m。树干基部膨大，常有屈膝状呼吸根，在低湿地生长者膝根尤为显著。树皮褐色，纵裂，成长条片脱落；枝向上展，树冠常较窄，呈尖塔形。叶多钻形，略内曲，常在枝上螺旋状伸展，下部多贴近小枝，基部下延。球果圆球形或长圆状球形，有短梗，向下斜垂，熟时褐黄色。种子不规则三角形，略扁，红褐色。花期 3~4 月，球果 10~11 月成熟。品种有垂枝池杉（cv. Nutans），侧生小枝也分枝多而下垂；锥叶池杉（cv. Zhuiyechisha），叶绿色，锥形，螺旋状排列；线叶池杉（cv. Xianyechisha），叶深绿色，条状披针形，凋落性小枝细，线状；羽叶池杉（cv. Yuyechisha），枝叶浓密，凋落性小枝再分枝多。

池杉景观

池杉景观

池杉景观

适应地区

我国引种栽培于长江南北水网地区，作为重要造林和园林树种。

生物特性

喜温暖、湿润气候和深厚、疏松的酸性、微酸性土。强阳性，不耐阴，耐涝，又较耐旱。枝干富韧性，加之冠开窄，故抗风力颇强。速生树种，3~20年树龄，生长均快。树龄7~9年时开始结实。

繁殖栽培

播种和扦插繁殖。江南地区冬播最好，春播宜早。扦插育苗常分硬枝扦插、嫩枝扦插两种。江南一般在冬季或早春用二年生以上大苗栽植，单行种植株间距1.2~1.6m，成片风景林可采用2m×2m株行距。干旱季节注意浇水，并结合除草、施肥。

景观特征

树形优美，枝叶秀丽婆娑，秋叶棕褐色，是观赏价值很高的园林树种，特别适合水滨湿地成片栽植，孤植或丛植为园景树，也可构成园林佳景。

园林应用

生长快，抗性强，适应地区广，材质优良，树冠窄，枝叶稀疏，荫蔽面积小，耐水湿，抗风力强，特别适合在长江流域及珠江三角洲等农田水网地区、水库附近以及"四旁"造林绿化，以防风、防浪等。

池杉景观

落羽杉

别名：落羽松、落羽柏
科属名：杉科落羽杉属
学名：*Taxiodium distichum*

形态特征

落叶乔木，高达50m。树冠在幼年期呈圆锥形，老树则开展成伞形，树干尖削度大，基部常膨大而有屈膝状的呼吸根；树皮呈长条状剥落。枝条平展，大树的小枝略下垂；一年生小枝褐色，生叶的侧生小枝排成2列。叶条形，长1~1.5cm，扁平，先端尖，排成羽状两列，上面中脉凹下，淡绿色，秋季凋落前变暗红褐色。球果圆球形或卵圆形，径约2.5cm，熟时淡褐黄色。种子褐色，长1.2~1.8cm。花期5月，球果翌年10月成熟。

适应地区

我国在长江流域及华南大城市中常有栽培。

生物特性

强阳性树。喜暖热湿润气候，极耐水湿，能生长于浅沼泽中，也能生长于排水良好的陆地上。低湿地上生长的，树干基部可形成板状根，自水平根系上能向地面上伸出筒状的呼吸根，称为"膝根"。土壤以湿润而富含腐殖质的为最佳。

繁殖栽培

可用播种繁殖及扦插繁殖。种子发芽率较低，播前可温水浸种，促进发芽。扦插可用硬枝和软枝插。插穗可在落叶后剪取，剪成10cm砂藏，翌年春季扦插。幼苗期应及时疏剪弱主干而保留强主干。成苗期适当施肥。

景观特征

树形整齐美观，近羽毛状的叶丛极为秀丽，入秋时，叶变成古铜色，是良好的秋色叶树种。长期生长于浅水中的落羽杉，老树干基

落羽杉景观

部膨大，具膝状呼吸根，这是对水生环境的适应，从而形成落羽杉树干立于水中的奇特景观。

园林应用

为湿地沼泽地生长的木本植物，植于湖边、池边，树冠直立高大，能形成岸边森林绿化的壮丽景观，最适宜水旁配植，且有防风、护岸之效。

落羽杉的果

落羽杉的枝叶

落羽杉的气根

落羽杉的树皮

落羽杉景观

其他岸边湿地植物

中文名	别名	学名	科名	形态特征	生物特征	园林应用	适应地区
珍珠菜		*Lysimachia clethroides*	报春花科	茎被黄褐色卷毛。单叶互生，卵状椭圆形或阔披针形，叶缘稍反卷。总状花序，花冠白色	喜生于溪边潮湿的环境中	在园林湿地中可片植、丛栽，美化环境	华北地区及长江流域
美国山核桃		*Carya illinoensis*	胡桃科	落叶乔木。小叶11~17片，为不对称卵状披针形。果长圆形，较大，核壳较薄	喜光，喜温暖、湿润气候。具有一定的耐寒性。耐水湿，不耐干旱、瘠薄	树体高大，枝叶茂密，树姿优美，是很好的绿化树种	多见于福建、浙江及江苏南部一带
金边富贵竹		*Dracaena sanderiana*	龙舌兰科	叶片剑形，薄革质，顶端渐尖，基部楔形，抱茎，形似竹叶，具金边	喜高温、水湿、充足阳光的环境，不耐阴，畏寒冻	配置水景	华南地区
水苋菜	细叶水苋	*Ammannia baccifera*	千屈菜科	茎直立，淡红色。叶对生，叶片狭长披针形，稍下垂，绿色	喜温暖和光照充足的环境	为水族箱中景布置材料	全国各地
辽东桤木		*Alnus sibirica*	桦木科	落叶乔木，幼时光滑，老则斑状开裂。叶倒卵形，长6~17cm，缘疏生细齿。雌、雄花序均单生。果序下垂	喜光，喜温暖、湿润气候。对土壤的适应性较强	滨水边种植，颇具野趣	常见于东北各地平原、水边
长叶茅膏菜	捕蝇草	*Drosera indica*	茅膏菜科	茎单生，常匍匐状，被腺毛。叶互生，线形，长4~10cm，被淡黄色腺毛；叶柄和叶片不易区别，有极短的腺毛	喜生于潮湿或沼泽地及水田边的空旷环境中	可盆栽，也可用于温暖地区沼泽园点缀	全国各地
狭叶瓶尔小草	一支箭	*Ophioglossum thermale*	瓶尔小草科	叶单生或2~3片由根状茎顶端生出，纤细。营养叶倒披针形或长圆状倒披针形，全缘。孢子囊穗自总柄端生出，穗长2~3cm，狭线形	喜温暖、湿润及半阴的环境	叶色青翠，株形美观，可作盆栽观赏，也可在水景中作点缀	全国各地
多花水苋		*A. multiflora*	千屈菜科	茎具四棱，多分枝。单叶对生，无柄，线状披针形至椭圆状披针形。聚伞花序腋生，小花淡紫色	喜强光，喜温暖，怕寒冷	株形美观，叶片耐看，用于室内水体装饰，绿意盎然	全国各地

中文名	别名	学名	科名	形态特征	生物特征	园林应用	适应地区
橡胶榕	橡皮榕	*Ficus elastica*	桑科	常绿乔木，含乳汁，全体无毛。叶厚革质，有光泽，长椭圆形，中脉明显；托叶大，淡红色	喜暖湿气候，不耐寒。	具热带景观特色，可做行道树、庭阴树，水边孤植、列植均可	华南地区可露地栽培
小叶榕	榕树	*F. microcarpa*	桑科	枝具下垂气生根。叶椭圆形至倒卵形，长4~10 cm，全缘或浅波状，革质，无毛。隐花果腋生，近球形	喜暖热、多雨气候，喜酸性土壤和阳光充足的环境。	可做行道树和庭阴树，也用于水景	华南地区常见，长江流域中下游地区也有应用
广东万年青	竹叶万年青	*Aglaonema modestum*	天南星科	茎秆挺拔，节间分明似竹。叶片终年亮绿，叶深绿色，长圆卵形，先端渐尖	喜温暖、湿润，耐阴，要求土壤肥沃，温度 25~30℃的条件下生长。越冬温度不能低于 10℃	最耐阴及最适合居室栽植的观叶植物之一。在广东民间常水养数年，茎叶仍碧绿。除供室内装饰、庭院摆放外，近年来也将它作湿生或挺水栽培	华南热带地区
花叶万年青		*Diffenbachia maculata*	天南星科	茎秆粗壮，叶常聚生于顶端，中脉明显；基部呈叶鞘状，叶长椭圆形或矩圆形，长15~30cm，叶面深绿色，有白色或淡黄色不规则的斑纹	喜高温、高湿的环境条件。耐半阴，忌强光，怕冻。要求疏松、肥沃的土壤，适宜生长温度为 15~30℃	花、叶十分美丽，是良好的水景布置材料	华南热带地区
猪笼草		*Nepenthes mirabilis*	猪笼草科	湿生攀援植物。基生叶无柄，基部渐狭成一半抱茎的短鞘。叶片披针形，纸质。茎生叶散生，具柄，卷须柔弱，具囊状体	喜向阳的潮湿或沼泽地环境	新奇有趣的观赏植物。食虫囊造型奇特，硕大美丽，多用于盆栽观赏	海南及广东西南部
大王椰		*Roystonea regia*	棕榈科	树干挺直，中下部常膨大，灰褐色，光滑，有环纹。羽状复叶聚生于顶，叶鞘延长，覆瓦状排列，小叶极多，软而狭长	喜高温、多湿的热带气候，喜充足的阳光。喜疏松而肥沃的土壤	树姿高大雄伟，树干直如水泥柱。宜列植做行道树，或群植做风景树，也可狐植、丛植和片植，均具良好效果	华南地区
沼生栎		*Quercus palustris*	壳斗科	树形优美，高可达24m。叶厚，新叶亮红色，老叶羽状深裂，9月份变成橙红色或铜红色，叶形独特	耐干燥，喜光照，耐高温，抗霜冻，抗污染，抗风，喜排水良好的土壤，也能适应黏质土壤	良好的城市园林及工业区绿化树种，也是优美的观叶树种，因耐水湿而具有广泛的应用前景	山东至浙江一带

第七章 滨海湿地植物造景

 造景功能

这是一类特别的景观植物，用于特别的环境中，它们与岸边湿地植物有共同之处。根据滨海湿地植物生长环境和造景功能的不同，可将之分为四类，第一类是附生型或匍匐型，着生在岩土上，植株低矮，或藤本状，如附生的蕨类、藤本状的水芫花；第二类是乔木状或灌木状的海岸植物，如椰子、草海桐、榄仁树、黄槿等；第三类为沙滩植物，常为藤本或匍匐型，如马鞍藤、滨马齿苋等；第四类是红树林植物，常生于海水之中。

红树

科属名：红树科红树属
学名：*Rhizophora apiculata*

形态特征

常绿乔木或灌木。常形成红树群落，有呼吸根，小枝节部常较粗。单叶，全缘，对生；托叶包裹顶芽，着生于叶柄间，早落，基部内表面有黏液毛；少互生叶，无托叶。花两性，少单性或杂性同株，单生或为聚伞花序，有时为总状花序；雄蕊与花瓣同数，有时为花瓣的 3~4 倍，常与花瓣对生。浆果状，少蒴果状。海滩红树的种子常在母树上发芽，胚轴凸出果外成一长棒状，坠入海滩淤泥繁殖，为典型的"胎生植物"。

适应地区

分布于我国海南省，生于海边含盐滩涂。

生物特性

红树植物为了适应缺氧环境，呼吸根极为发达，形状有棒状也有屈膝状的。红树植物根系的特异功能，使得它在涨潮被水淹没时也能生长。其种子成熟后在母树上萌发，幼苗成熟后，由于重力作用使幼苗离开母树下落，插入泥土中。这种"胎生"现象在植物界是很少见的。

繁殖栽培

除了胎萌以外，红树植物还具有无性繁殖，即萌蘖能力。在它们被砍伐后，很快在基茎上又萌发出新的植株。

红树景观

景观特征

枝繁叶茂的红树在海岸形成的是一道绿色屏障。红树发育在潮滩上，这里很少有其他植物立足，唯有红树抗风、防浪，组成独特的红树林海岸。

园林应用

为防风、防浪、护堤的海岸防护林树种，也是盐土指示植物。

园林造景功能相近的植物

中文名	学名	形态特征	园林应用	适应地区
秋茄树	*Kandelia candel*	小乔木。茎基部较粗大。叶交互生，革质，长圆形至卵状长圆形。聚伞花序，花瓣白色	同红树	沿海地区
海桑	*Sonneratia caseolaris*	具笋状呼吸根，伸出水面。叶对生；叶柄短，红色	同红树	热带海岸

红树景观

红树大型水体景观

露兜树

别名：林投
科属名：露兜树科露兜树属
学名：*Pandanus tectorius*

形态特征

多年生常绿灌木，株高 3~6m，株幅 2~4m，主干分枝，具气生支柱根。叶簇生于枝顶，革质带状，长 1~1.5m，淡蓝绿色，叶缘和背中脉有锐刺。花单性异株，呈肉穗花序。聚花果椭圆形。花期夏季。

适应地区

我国南部有分布，自生于海滩沙地、潮湿河旁及沟渠边。

生物特性

喜高温、湿润和阳光充足环境。稍能耐阴，怕干旱。要求排水良好、富含有机质的砂质壤土。生长适温为 18~32℃，生长最低温度 13℃，气温下降至 10℃时植株停止生长，冬季能耐 5℃低温。

繁殖栽培

多用分株繁殖。4~5 月切下母株旁生长的子株，插于砂土中，待充分发根后种植。也可用水苔包扎基部，保持湿润，发根后种植。生长期每隔 2 周施一次稀释氮肥。夏季高温

露兜树的果枝

要适度遮阴。越冬温度应不低于 10℃。高温、多湿时常见叶斑病危害，可用 65% 代森锌可湿性粉剂 600 倍或 75% 百菌清可湿性粉剂 1000 倍液喷洒。

景观特征

植株全年常绿，叶片清秀雅致，狭长而具有尖锐叶缘，十分锋利，与凤梨科植物相似，是理想的观叶植物。气生根非常发达，入土后成为粗壮的支柱根群，因常在潮湿地和池旁生长，其倒影加强了水池的影深，使整个环境更加美观。

园林应用

植株优美，是良好的观叶植物，可用于厅堂、客室，观赏性强。在南方，因雄花芳香，雌花如球果一样美观，常用于庭园池旁配植，颇具雅趣，还可增加自然幽静的气氛。

露兜树景观

露兜树的果 ▷

✱ 园林造景功能相近的植物 ✱

中文名	学名	形态特征	园林应用	适应地区
斑缘露兜树	*Pandanus veitchii*	叶片及边缘有白色纵纹。要求在较弱光线下栽培。越冬温度不可低于15℃	同露兜树	华南地区
金边露兜树	*P. sanderi*	幼叶金黄色，成熟叶绿色，中脉两侧散生不规则金黄色纵向条纹	同露兜树	华南地区
金叶露兜树	*P. sanderi cv. Roehraianus*	叶片金黄色，个别叶片镶嵌绿色窄纵条纹	同露兜树	华南地区
红刺露兜树	*P. utilis*	叶面深橄榄绿色，叶缘和背面中脉具有红色锐刺	同露兜树	华南地区
蓝纹露兜树	*P. baptistii*	叶莲座状排列，叶片蓝绿色，中脉两侧具黄色纵纹	同露兜树	华南地区

露兜树景观

椰子

别名：椰树
科属名：棕榈科椰子属
学名：*Cocos nucifera*

形态特征

乔木，高 15~35m。单干，茎干粗壮。叶片长 3~7m，羽状全裂；裂片外向折叠；叶柄粗壮，长 1m 余，基部有网状褐色棕皮。肉穗花序腋生，长 1.5~2m；总苞舟形，最下一片长 60~100cm；雄花呈扁三角状卵形，长 1~1.5cm；雌花呈略扁的圆球形，横径 2.4~2.6cm。坚果每 10~20 个聚为一束，极大，直径在 15~20cm 或 20cm 以上，几乎全年开花，7~9 月果熟。品种有高种椰子，小圆果，果实围径 50~60cm；矮种椰子，果实较小。

适应地区

椰子多生长在南、北纬度 20° 之间，我国主要分布在海南岛东南沿海一带的文昌、琼海、

椰子景观

三亚等地，其次为西沙群岛、南沙群岛，广东台山、云南西双版纳等地区也有少量种植。

生物特性

在高温、湿润、阳光充足的海边生长良好。要求年平均温度 24~25℃以上，温差小，最低温度不低于 10℃，才能正常开花结实。不耐干旱，长期干旱也会影响长势。喜海滨和河岸的深厚冲积土，次为砂质壤土，要求排水良好，抗风能力强。

繁殖栽培

以种子育苗繁殖。催芽圃经整地后挖沟，把椰果斜放（倾斜 45°）在沟内一个接一个排成行，然后覆土盖过椰果。苗期管理要合理施肥，对钾肥需要量最大，氮肥次之，磷肥

椰子景观

椰子叶形 ▷

最小。将发芽早、粗壮、长势旺盛、无病虫害的苗移植到苗圃地。旱季要经常浇水，苗龄 8~12 个月，苗高 80~100cm，经选择就可出圃定植。出圃苗木必须是发芽早、苗茎粗、叶片羽裂早、长势旺盛的椰苗。

景观特征

椰子苍翠挺拔，在热带和南亚热带地区的风景区，尤其是海滨区为主要的园林绿化树种。

可做行道树，或丛植、片植。椰子全身都是宝，有"宝树"之称。

园林应用

椰子植物以其独特的风格、鲜明的个性、突出的体征，成为营造园林绿化景观的热门树种，被许多城市广泛采用为行道树、庭阴树、园景树，特别是在海边、湖畔临水群植及在草坪、土丘上丛植效果尤佳。

椰子景观

椰子景观

椰子景观

白水木

别名：白水草、银毛树
科属名：紫草科砂引草属
学名：*Messerschmidia argentea*

白水木花、叶特写

形态特征

常绿小乔木或中乔木。树皮灰褐色。叶丛生在枝端，全缘，倒卵形，长 10~20cm，密被灰白色绢茸毛，肉质。白色小花列排成蝎尾形的聚伞花序，花白色至粉红色；花萼、花冠都小（直径约 5mm），5 裂；雄蕊接近无柄，花药约长 1.5mm；子房 4 室，柱头 2 裂。果实球形，具软木质，能借海水传播。

适应地区

主要分布在热带及亚热带地区，包括东非沿岸、亚洲、澳大利亚及波利尼西亚等海岸地区。

生物特性

叶片肉质，表面密被茸毛，以储存水分及防止水分蒸发。喜高温、湿润和阳光充足的环境。其耐盐性佳，抗强风，耐旱性佳；但耐寒性及耐阴性均差。

繁殖栽培

种子繁殖和扦插繁殖。种子繁殖，将处理好的种子催芽播种，40~50 天后可陆续发芽，平均发芽率在 40% 左右。扦插繁殖，于每年 3~4 月扦插最佳，取 1~2 年生顶芽做插穗。栽培土质以砂土为佳。排水及日照需良好。生性强健，种植成活后，春季适度修剪，忌寒流霜害。

景观特征

除了枝条、树皮是灰褐色外，它的小枝条、叶片、花序，都被有银白色的茸毛，再加上花也是白色，果实成熟时也是呈浅绿至灰绿色，远远望去，就像一丛白白的小土丘。

白水木植株

园林应用

抗逆性强，树形优美，虫害又少，适合做行道树、庭园景观植物。由于其绿色的叶子长满了白色的茸毛，是理想的海滨园景树之一。

草海桐

别名：海桐草
科属名：草海桐科草海桐属
学名：*Scaevola frutescens*

草海桐叶特写 ▷

形态特征

常绿灌木。茎粗大，光滑无毛，高可达 2m；在茎干上由于叶脱落，使得肉质的茎上有环环的脱叶痕。叶丛生于枝顶，肉质，倒卵形至匙形，上有不明显锯齿。花白色，腋生聚伞花序；花冠筒一边裂至基部，花柱由裂处伸出，花冠裂片缘有不规则浅裂的薄瓣。核果球形，白色，含 1~2 颗种子。花期秋季。

适应地区

常见于华南沿海沙滩、石砾地。生长迅速，为海岸固沙、防潮树种。

生物特性

喜高温、潮湿和阳光充足的环境，耐盐性佳，抗强风，耐旱，耐寒，耐阴性稍差。抗污染及病虫危害能力强，生长速度快。

繁殖栽培

枝条容易扦插及萌芽，也可种子繁殖。栽培土质以排水良好的砂质壤土最佳。日照需充足，一年施肥 2~3 次，即能生长旺盛。生长适温为 22~32℃。全年可移植，较易成活。

景观特征

终年翠绿的草海桐叶在海岸林中特别醒目，长在叶腋的白花更是令人啧啧称奇，果实成熟时会由绿转白，别具热带气息。

园林应用

常见的海岸树种，常在海岸林前线丛生，也常和露兜、黄槿等树种混生。可做海岸防风林、行道树，用于庭园美化，也可单植、列植、丛植。

草海桐景观

草海桐景观

海芒果

科属名：夹竹桃科海芒果属
学名：*Cerbera manghas*

海芒果幼叶 ▷

形态特征

常绿小乔木。多分枝，枝轮生。叶丛生于枝顶，全缘，披针形或倒披针形。顶生聚伞花序，花高脚碟状，花冠白色，中央淡红色，裂片 5 枚。果实初呈绿色，成熟时为紫色，大椭圆形，5~6cm，有毒。全株植物带有白色乳液，果实多纤维，质轻，能浮于水面。

适应地区

分布于广东、广西、海南、中国台湾等地。生于海滨湿地。

生物特性

生性强健，生长快速，全日照、半日照均适应，抗风、耐旱。喜高温，生长适温为 22~32℃，不耐寒。

繁殖栽培

种子繁殖或扦插繁殖，在春、秋季进行。养护要求低，抗性强，在小苗时期宜施用有机肥做基肥，适当追施大量元素肥。

景观特征

株形和叶形近似于芒果，故得名。

园林应用

抗风，耐寒，常见种于海岸，为优良的海岸防护林树种。

海芒果景观

海芒果株形

马鞍藤

别名：厚藤、二裂牵牛、沙藤
科属名：旋花科牵牛花属
学名：*Ipomoea pescaprae*

形态特征

多年生草本。全株光滑。茎极长而匍匐地面。叶互生，厚革质，叶片的先端则是明显凹陷或接近2裂，形如马鞍，叶长4~8cm，宽4~10cm；具长柄，长达12cm。聚伞花序，花冠紫红色，直径约8cm；花萼多数是5枚，宿存、离生，椭圆形或是宽卵形；花冠辐射对称，粉红色至浅紫红色，漏斗状，5浅裂，长3~6.5mm；雄蕊与花冠的裂片互生，2长3短，且花丝的基部被毛；子房上位，光滑无毛，柱头2裂。蒴果球形，2室，光滑无毛，直径9~16mm，刚开始呈黄绿色，成熟时则转为棕褐色。种子4颗，黑褐色，其上密被柔毛。花期全年不断，以夏季最盛。

适应地区

一种泛热带性分布型植物，几乎在全世界热带地区的海边都有它的踪影。生于靠海的山坡、海边或沟边。

生物特性

喜高温、干燥和阳光充足的环境。耐盐性佳，抗风、耐旱性佳，而耐寒性和耐阴性稍差。

繁殖栽培

在藤蔓茎节的地方有不定根长出，重新栽植即可形成新的植株。也可用种子繁殖。栽培土质以砂土或砂质壤土为佳。排水、日照需

马鞍藤景观

良好。施肥可用有机肥，2~3 个月少量施用一次。生长适温为 22~32℃。

景观特征

叶 2 裂，形如马鞍，所以称为马鞍藤。在众多的海滨植物中，马鞍藤的花特别大、特别显著、特别艳丽，在滨海沙地形成一片花海，故有"海滨花后"之称。

园林应用

马鞍藤是典型的沙砾海滩植物，同时也是沙砾不毛之地防风定沙的第一线植物，可改变沙地微环境以利其他植物生长，具有美化海岸及定沙功用。

马鞍藤景观

马鞍藤景观

卤蕨

科属名：卤蕨科，卤蕨属
学名：*Acrostichum aureum* L.

卤蕨叶特写 ▷

形态特征

植株高可达 2m。根状茎粗短、直立，被褐棕色的阔披针形鳞片。叶簇生，叶柄粗短、坚硬；叶大型，奇数 1 回羽状，厚革质，羽片多达 30 对，长舌状披针形，长15~36cm，顶端圆而有小突尖，基部楔形，通常上部的羽片较小，能育。孢子囊满布能育羽片下面。

卤蕨株形

适应地区

产广东、广西、海南、云南和中国台湾。

生物特性

生于海岸泥滩、潮汐带间或河岸边，适应海边海水和内陆淡水环境。喜阳光充足，半湿润之地。喜高温，耐寒能力弱。

繁殖栽培

分株或孢子播种繁殖。

景观特征

植株大型，叶片上指、密集，生机勃勃。海水、淡水均能适应是其特色。

园林应用

可作为园林观赏及海边、水边的绿化植物。常孤植成为水体中的焦点景观，也可 3~5 株丛植。

卤蕨丛植

卤蕨景

无瓣海桑

科属名：海桑科海桑属
学名：*Sonneratia apetala*

无瓣海桑花、果特写

形态特征

常绿乔木，高 15~20m。主干圆柱形，笋状呼吸根伸出水面。小枝具有隆起的节，纤细卜垂。叶对生，厚单质，椭圆形或长椭圆形，顶端浑圆，基部阔楔形；叶柄短，绿色。总状花序；花瓣缺；雄蕊多数，花丝白色；柱头蘑菇状。浆果球形，每果含种子约 50 颗。

适应地区

我国广东、广西、海南等地沿海红树林有引种。

生物特性

生长较快，能快速成林，可在高、中潮带生长而形成单species群落。对环境适应较广，盐度高的外滩至盐度低的内湾河口中均能生长。叶上片表皮光亮，有利于反射强烈的阳光。呼吸根垂直又高出海面，借此特殊结构进行气体交换。由于生长极快，有排斥其他红树林物种的风险。

栽培繁殖

播种繁殖，9~10 月采种，9~11 月或翌年 3~4 月播种育苗。采用苗床、营养袋法，4~9 月均可栽植。

景观特征

植株高大，枝叶婆娑，墨绿一片，既具防风、抵浪能力，又是一道风景秀丽的海上观光林带。

园林应用

特有的防风、防浪、固砂、护堤和调节生态小气候树种，为当地环境提供了良性的生态保护和重要的保障作用。

栈道两旁的无瓣海桑绿色屏障

无瓣海桑景观

其他主要滨海湿地植物

中文名	别名	学名	科名	形态特征	生物特征	园林应用	适应地区
苦槛蓝	甜蓝盘	*Myoporum bontioides*	苦槛蓝科	全株平滑，高达 2~3m。树冠呈伞形，下部枝丫常伏卧地上并触土生根。叶互生，丛生枝头，倒披针形至长椭圆形，肉质，叶全缘，长 6~10cm。花 1~3 朵簇生于叶腋，下垂。	根系发达，适应性强，病虫害少。具有很强的防风固沙、护堤等效能	适宜在滨海地区沙地、海堤等地方种植	广东、广西、福建等地海边
水芫花	海梅	*Pemphis acidula*	千屈菜科	小型灌木，多数呈匍匐蔓藤状木质茎；小分枝、嫩叶及花序都有毛。单叶对生，披针状长倒卵形，肉质，无叶柄。花白色或是略带粉红，单生于叶腋；花瓣 6 枚，卵形，边缘波浪状；几乎一年四季开花	生于海边石壁或沙砾滩上。喜阳，耐热，抗性强	树体高大，枝叶茂密，树姿优美，是很好的绿化树种	热带海岸地区
毛苦参		*Sophora tomentosa*	豆科	小叶 13~19 片，窄倒卵形或椭圆形，在新叶时，叶子上、下表面都呈灰白色，而待叶成长后，上表皮呈暗绿色略被茸毛，下表面则仍是密布灰白色茸毛；叶片在茎上呈互生状排列，而小叶彼此间则是对生。花鲜黄色，密集排列成总状花序，由枝条顶端长出，除了花瓣外，花萼及花柄也都密被白色茸毛。果实银白色	能适应的环境很广，海边强风环境也可。植株矮小	一串串念珠状的果实像是一位盘坐在海边的白发魔女，颇具特色	热带海岸地区或岛屿上

中文名	别名	学名	科名	形态特征	生物特征	园林应用	适应地区
鹅銮鼻蔓榕		*Ficu pedunculosa var. mearnsii*	桑科	蔓性藤本，匍匐在岩礁上，株高20~60cm。叶互生，倒卵形至椭圆形，革质，全缘	生性强健，栽培土质选择不严，排水良好而黏性不强的土壤均能生长，若土质肥沃，则生长旺盛。枝叶密致，抗风，耐旱，耐瘠，耐潮。喜高温、高湿，生长适温为23~32℃	适宜在滨海地区沙地、海堤等地方种植，供观赏用，也适宜盆栽	我国台湾
棋盘脚树	滨玉蕊	*Barringtonia asiatica*	玉蕊科	常绿小乔木。叶倒卵形至长椭圆形，先端钝，全缘，革质，无毛，近无柄。顶生总状花序，花瓣4枚，乳白色，小，雄蕊多数，长达10cm，红色，花柱长于雄蕊。棋盘脚树的果实，呈宽陀螺形，末端尖尖的，基部方方的，像是方形的棋盘	花约在傍晚开始开放，直至凌晨2~3时为盛开期，清晨则凋落。为海岸林主要树种之一	热带海岸植物，果实及花朵皆十分巨大	我国台湾南部、东南部沿海和岛屿，多生于海边
蜡树	莲叶桐	*Hernandia sonora*	莲叶桐科	常绿乔木，高12m。雌雄同株。叶圆心脏形，盾状，长20~40cm，全缘；叶柄与叶片等长。腋生伞房花序，花3朵，中间1朵雌花，两侧2朵雄花。核果包围在增大的肉质总苞内，苞顶凹	典型的外来植物，随着潮水传播，繁殖力不强，生长地只能局限在珊瑚礁岩一带	果实有凸起，外面又有花托包被。成熟时红色，具观赏特色	我国台湾地区仅产于恒春半岛香蕉湾一带海岸林
果榄仁树		*Terminalia catappa*	使君子科	落叶乔木。叶卵形，端圆形，柄粗短，叶后有明显叶痕。枝丫自然分层轮生于主干四周。花白色呈穗状，果扁圆形	抗风、抗污染及耐盐性强，为海岸原生树种	秋、冬季落叶前叶色转红，为公园、绿地的主要树种，可做行道树和绿阴树	华南地区

中文名索引

参考文献

［1］赵家荣，秦八一．水生观赏植物［M］．北京：化学工业出版社，2003．

［2］赵家荣．水生花卉［M］．北京：中国林业出版社，2002．

［3］陈俊愉，程绪珂．中国花经［M］．上海：上海文化出版社，1990．

［4］李尚志，等．现代水生花卉［M］．广州：广东科学技术出版社，2003．

［5］李尚志．观赏水草［M］．北京：中国林业出版社，2002．

［6］余树勋，吴应祥．花卉词典［M］．北京：中国农业出版社，1996．

［7］刘少宗．园林植物造景：习见园林植物［M］．天津：天津大学出版社，2003．

［8］卢圣，侯芳梅．风景园林观赏园艺系列丛书——植物造景［M］．北京：气象出版社，2004．

［9］简·古蒂埃．室内观赏植物图典［M］．福州：福建科学技术出版社，2002．

［10］王明荣．中国北方园林树木［M］．上海：上海文化出版社，2004．

［11］克里斯托弗·布里克尔．世界园林植物与花卉百科全书［M］．郑州：河南科学技术出版社，2005．

［12］刘建秀．草坪·地被植物·观赏草［M］．南京：东南大学出版社，2001．

［13］韦三立．芳香花卉［M］．北京：中国农业出版社，2004．

［14］孙可群，张应麟，龙雅宜，等．花卉及观赏树木栽培手册［M］．北京：中国林业出版社，1985．

［15］王意成，王翔，姚欣梅．药用·食用·香用花卉［M］．南京：江苏科学技术出版社，2002．

［16］金波．常用花卉图谱［M］．北京：中国农业出版社，1998．

［17］熊济华，唐岱．藤蔓花卉［M］．北京：中国林业出版社，2000．

［18］韦三立．攀援花卉［M］．北京：中国农业出版社，2004．

［19］臧德奎．攀援植物造景艺术［M］．北京：中国林业出版社，2002．